中等职业教育智能制造类专业系列教材

工业机器人操作与编程

GONGYE JIQIREN CAOZUO YU BIANCHENG

主　编◎王智弘　石远航
副主编◎伍　毅　古　巧　曾　露
编　者◎冯　胜　王　谊
主　审◎张秋雨

重庆大学出版社

图书在版编目(CIP)数据

工业机器人操作与编程 / 王智弘，石远航主编. --
重庆：重庆大学出版社，2022.1
中等职业教育智能制造类专业系列教材
ISBN 978-7-5689-2869-4

Ⅰ. ①工… Ⅱ. ①王… ②石… Ⅲ. ①工业机器人—
操作—中等专业学校—教材②工业机器人—程序设计—中
等专业学校—教材 Ⅳ. ①TP242.2

中国版本图书馆 CIP 数据核字(2021)第 168456 号

中等职业教育智能制造类专业系列教材
工业机器人操作与编程
主　编　王智弘　石远航
副主编　伍　毅　古　巧　曾　露
责任编辑：章　可　　版式设计：章　可
责任校对：关德强　　责任印制：赵　晟
*
重庆大学出版社出版发行
出版人：饶帮华
社址：重庆市沙坪坝区大学城西路 21 号
邮编：401331
电话：(023)88617190　88617185(中小学)
传真：(023)88617186　88617166
网址：http://www.cqup.com.cn
邮箱：fxk@cqup.com.cn(营销中心)
全国新华书店经销
重庆俊蒲印务有限公司印刷
*
开本：787mm×1092mm　1/16　印张：10.25　字数：238 千
2022 年 1 月第 1 版　　2022 年 1 月第 1 次印刷
ISBN 978-7-5689-2869-4　定价：38.00元

前言
QIANYAN

随着我国经济的持续快速发展，人民生活水平不断提高，劳动力供应格局已经逐步从“买方”市场转为“卖方”市场、由供过于求转向供不应求。为了解决这些矛盾，工业机器人得到了越来越广泛的应用。为满足社会对人才的需求，国内许多中职学校已开设工业机器人专业或课程。但是，很多教材中的机器人应用情境不符合实际情况，而且对读者的专业知识储备要求普遍较高。中职学校学生基础知识薄弱、自主学习能力不足，如果教材中机器人的应用情境与实际不符，会使学生们知难而退。为了避免以上问题，本书紧密结合工业机器人应用岗位需求，详细介绍了工业机器人编程控制的操作过程，能使学生快速入门、轻松上手，从而激发其学习兴趣。

本书可作为工业机器人技术应用等智能制造类专业的核心课程教材，也可作为工业机器人应用行业从业人员的参考资料。本书以华数 HSR－6 工业机器人为对象，讲述了华数工业机器人操作和编程的基础知识和技能。本书包含工业机器人操作基础、轨迹示教编程、轨迹坐标计算、搬运编程与操作、码垛编程与操作和机床上下料编程与操作共 6 个项目。本书以任务为引领，详细阐述了包含任务规划、运动规划、程序编写、示教与调试的机器人应用全过程，不仅让学生全面了解编程指令的应用，还能全面掌握工业机器人应用的整个工作流程。

本书的主要特点如下：

1. 编写模式新颖

本书依据教育部《职业院校教材管理办法》，采用“项目＋N 个任务”的体例和基于工作过程的行动导向模式编写，设置了“任务描述”“任务实施”“任务练习”“任务评价”“知识拓展”等板块，通过让学生体验实际工作流程并动手实践操作，使理论知识实作化，真正做到“学中做，做中学”。

2. 内容融入思政元素

每个项目都明确提出知识、技能、思政三个方面的学习目标，将思政元素融入教材内容。

3. 企业专家共同参与

本书在编写过程中引入企业专家进行指导，并审核内容，使内容更加贴合企业岗位的需求，保证新技术、新工艺、新流程、新规范能够及时编入书中。

4. 融入企业“7S”管理的职业素养

在任务实施过程中，任务评价采用了具有针对性的评价表，增加了企业“7S”管理的职业素养考核内容。

5. 配套丰富的数字资源

本书配有教案、PPT 课件、微课等课程资源，便于老师和学生开展线上、线下混合式教学，助推职业教育的“三教”改革，提升人才培养质量。

本书由重庆市九龙坡职业教育中心王智弘、石远航担任主编，伍毅、古巧、曾露担任副主编，张秋雨担任主审。具体编写分工如下：王智弘编写了项目一，冯胜编写了项目二，石远航编写了项目三，伍毅编写了项目四，古巧编写了项目五，曾露编写了项目六。

本书在编写过程中得到了重庆华中数控技术有限公司的大力支持，在此表示感谢。

由于编者水平有限，书中仍难免有不足之处，恳请读者批评指正，以便修订完善。

编者

2021 年 8 月

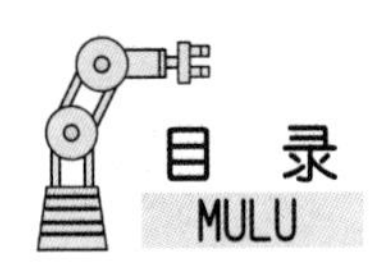
目 录
MULU

项目一

工业机器人操作基础

本项目将介绍工业机器人的基础知识与基本操作，使学生了解工业机器人的分类、组成及安全操作注意事项，示教器的功能和操作，能够使用示教器完成对工业机器人的简单控制，为后面的学习做好准备。

□ 知识目标

1. 了解工业机器人的分类及应用；
2. 掌握示教器的功能与作用；
3. 了解机器人坐标系的相关知识。

□ 技能目标

1. 能正确开机、关机；
2. 能选择合适的坐标模式；
3. 能合理调节运行倍率；
4. 能熟练操作工业机器人。

□ 思政目标

1. 激发学生的学习兴趣，训练学生良好的操作习惯，培养学生严谨的学习态度；
2. 培养学生好学向上、积极动手、团结协作、吃苦耐劳等良好品质。

任务一　认识工业机器人

▶任务描述

通过本任务的学习,使学生对工业机器人的分类、组成和安全操作注意事项有一定的了解,认识工业机器人的四类坐标系。

▶任务准备

准备名称	准备内容	负责人	完成情况
实训工具	工业机器人实训平台、水性笔		
学习资料	教材、任务书、笔记本、练习本、笔		

▶任务实施

一、工业机器人的分类

工业机器人的分类并没有统一的标准,可以根据工业机器人的结构特点、用途、控制方式进行分类。

工业机器人按用途可分为装配机器人、焊接机器人、搬运机器人、喷涂机器人等。

(1)装配机器人

装配机器人主要用于各种电器(如电视机、录音机、洗衣机、电冰箱、吸尘器)、小型电机、汽车、计算机、玩具、机电产品及其组件等的装配,如图 1-1 所示。

(2)焊接机器人

焊接工作对人体的健康影响较大,所以焊接机器人应用广泛,如图 1-2 所示。焊接机器人可以有效提高产品质量,改善工作现场的环境状况。

图 1-1　装配机器人

图 1-2　焊接机器人

(3)搬运机器人

物料搬运往往要耗费大量的时间和人力。这些事情如果由机器人去做,不仅效率高,而且节省了人力成本。搬运机器人(见图 1-3)被广泛应用于机床上下料、冲压机自动化生产线搬运、自动装配流水线搬运、码垛搬运、集装箱搬运等。部分发达国家已明确规定人工搬运的最大质量，超过该限值就必须由搬运机器人来完成。

(4)喷涂机器人

喷涂机器人(见图 1-4)是可进行自动喷漆的工业机器人。喷涂机器人工作范围大，喷涂质量高，广泛用于汽车、仪表、电器等生产企业。

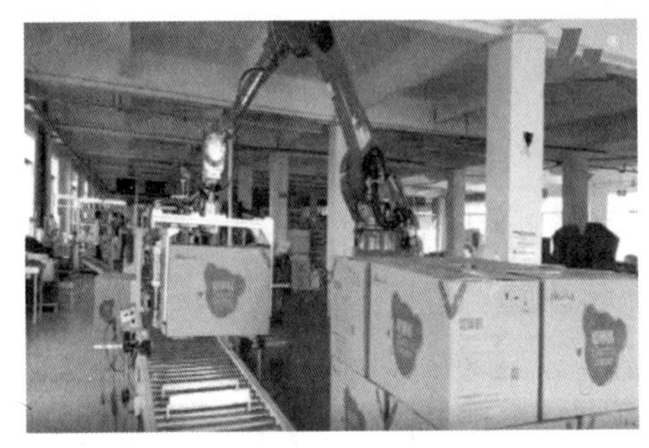

图 1-3　搬运机器人

图 1-4　喷涂机器人

二、工业机器人的组成

工业机器人由本体、驱动系统和控制系统 3 个基本部分组成。

1. 本体

本体，即基座和执行机构，出于拟人化的考虑，常将机器人本体的有关部位分别称为基座、腰部、臂部、腕部(末端执行器)。

2. 驱动系统

驱动系统包括驱动装置和检测装置，用以使执行机构产生相应的动作。

(1)驱动装置

驱动装置是驱使执行机构运动的机构，按照控制系统发出的指令信号，借助于动力元件使机器人进行动作。它输入的是电信号，输出的是线、角位移量。机器人使用的驱动装置主要是电力驱动装置，如步进电动机、伺服电动机等，此外也有机器人采用液压、气动等驱动装置。

(2)检测装置

检测装置用于实时检测机器人的运动及工作情况，根据需要反馈给控制系统，与设定信息进行比较后，对执行机构进行调整，以保证机器人的动作符合预定的要求。

作为检测装置的传感器大致可以分为两类：一类是内部信息传感器，用于检测机器人各部分的内部状况，如各关节的位置、速度、加速度，并将所测得的信息作为反馈信号送至控制器，形成闭环控制；一类是外部信息传感器，用于获取有关机器人的作业对象及外界环境等方面的信息，以使机器人的动作能适应外界情况的变化，达到更高层次的自动化，甚至使机器人具有某种“感觉”，向智能化方向发展，如视觉、声觉等外部传感器给出工作对象、工作环境的有关信息，利用这些信息构成一个大的反馈回路，从而将大大提高机器人的工作精度。

3. 控制系统

控制系统是工业机器人的大脑，是决定机器人功能和性能的主要因素。它的主要任务就是按照输入的程序对驱动系统和执行机构发出指令信号，控制工业机器人在工作空间中的运动位置、姿态和轨迹、操作顺序及动作的时间等，以完成特定的工作任务，其基本功能如下：

- 记忆功能：存储作业顺序、运动路径、运动方式、运动速度和与生产工艺有关的信息。
- 示教功能：离线编程、在线示教、间接示教。在线示教包括示教盒和导引示教两种。
- 与外围设备的联系功能：输入和输出接口、通信接口、网络接口、同步接口。
- 坐标设置功能：关节坐标系、直角坐标系、工具坐标系、用户坐标系 4 种坐标系。
- 人机接口：示教盒、操作面板、显示屏。
- 传感器接口：位置检测、视觉、触觉、力觉等接口。
- 位置伺服功能：机器人多轴联动、运动控制、速度和加速度控制、动态补偿等。
- 故障诊断安全保护功能：运行时系统状态监视、故障状态下的安全保护和故障自诊断。

工业机器人的控制系统一般由控制计算机、示教盒和相应的输入/输出接口组成。

三、工业机器人的坐标系

工业机器人一般有 4 个坐标系，即关节坐标系、基坐标系、工具坐标系、工件坐标系。

(1)关节坐标系

关节坐标系即为每个轴相对参考点位置的绝对角度。机器人控制系统对各关节正方向的定义如图 1-5 所示。可以简单地记为 J2、J3、J5 关节以“抬起/后仰”为正，“降下/前倾”为负；J1、J4、J6 关节满足右手定则，即拇指沿关节轴线指向机器人末端，则其他 4 指方向为关节正方向。在关节坐标系中可进行单个轴的移动操作。

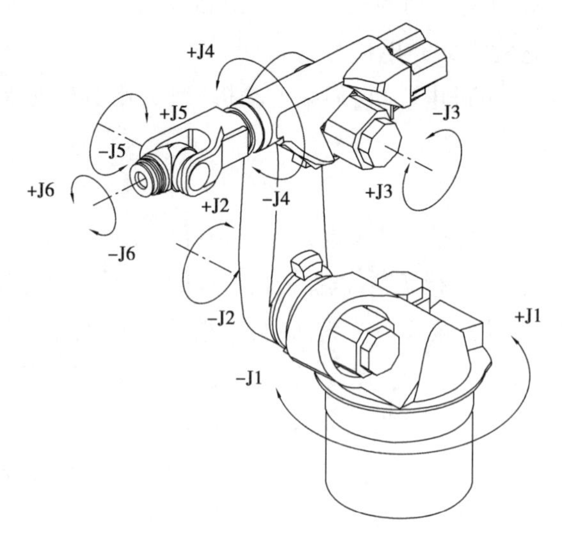

图 1-5　工业机器人的关节坐标系

(2)基坐标系(即笛卡儿坐标系)

基坐标系原点位于 J1 与 J2 关节轴线的公垂线与 J1 轴线的交点处，Z 轴与 J1 关节轴线重合；X 轴与 J1 和 J2 关节轴线的公垂线重合，从 J1 指向 J2 关节；Y 轴按右手定则确定。基坐标系如图 1-6 所示。基坐标系是其他坐标系的基础，工具坐标系和工件坐标系是在基坐标系下定义的。在示教器中显示的数值是工具坐标系的位姿(位置和姿态)，即 X、Y、Z 值为当前工具坐标系原点在基坐标系中的位置，A、B、C 值为当前工具坐标系坐标轴在基坐标系中的姿态(工具坐标系绕基坐标系旋转的角度)。

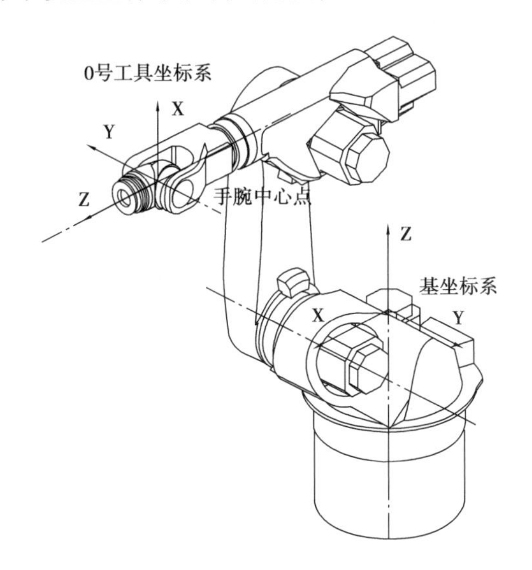

图 1-6　工业机器人的基坐标系与 0 号工具坐标系

(3)工具坐标系

HSR-J612 工业机器人默认 0 号工具坐标系位于 J4、J5、J6 关节轴线共同的交点。Z 轴与 J6 关节轴线重合；X 轴与 J5 和 J6 关节轴线的公垂线重合；Y 轴按右手定则确定。工具坐标系如图 1-6 所示。

(4)工件坐标系

0 号工件坐标系与基坐标系重合，可通过坐标系标定或者参数设置来确定用户工件坐标系的位置和方向，如图 1-7 所示。

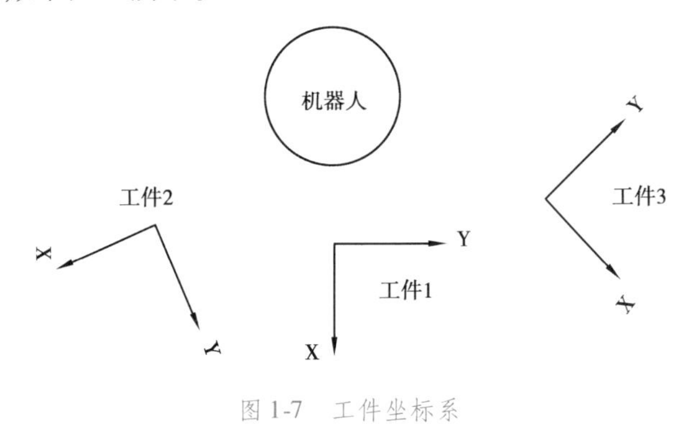

图 1-7　工件坐标系

四、工业机器人安全操作的注意事项

工业机器人与其他机械设备相比，其动作范围大、动作迅速，这些都可能会造成更多的安全隐患。因此，操作人员必须经过专业培训，熟悉设备的基础知识，掌握基本操作后方可使用。

①穿戴和使用规定的工作服、安全鞋、安全帽、保护用具等。

②机器人工作前需完成相应的检测工作:

a. 线槽、导线无破损外露;

b. 机器人本体、外部轴上严禁摆放杂物、工具等;

c. 控制柜上严禁摆放装有液体的物件(如水瓶);

d. 无漏气、漏水、漏电现象;

e. 确认示教器的安全保护装置,如急停开关是否能正常工作。

③按规范的操作过程开机:打开总电闸;控制柜上电;机器人在接通电源后无报警,方可进行操作。

④用示教器操作机器人及运行作业时,确认机器人动作范围内没有人员及障碍物。机器人处于自动模式时,任何人员都不允许进入其运动所及的区域。调试人员进入机器人工作区域时,必须随身携带示教器,以防他人误操作。

⑤示教器使用完后,应摆放到规定位置,远离高温区,不可放置在机器人工作区域以防发生碰撞,造成人员与设备的损坏事故。

⑥保持机器人安全标记的清洁、清晰,如有损坏应及时更换。

⑦作业结束,为确保安全,要养成按下急停开关、切断机器人伺服电源后再断开电源开关的习惯,拉总电闸,清理设备,整理现场。

⑧机器人停机时,夹具上不应有留置物,必须空置。

⑨机器人在发生意外或运行不正常的情况下,应立即按下急停开关,停止运行。

⑩因为机器人在自动状态下,即使运行速度非常低,其动量仍很大,所以在进行编程、测试及维修等工作时,必须将机器人置于手动模式。

⑪在手动模式下调试机器人时,如果不需要移动机器人,则必须及时释放示教器。

⑫突然停电后,要赶在来电之前预先关闭机器人的电源开关,并及时取下夹具上的工件。

▶任务评价

完成本任务的学习后,教师根据课堂表现、习题练习等情况对学生的学习过程和结果进行评价。

序号	评价要点	得分			
1	行为习惯符合课堂纪律与要求	□优	□良	□中	□差
2	学习资料准备齐全	□优	□良	□中	□差
3	能说出工业机器人的主要应用领域	□优	□良	□中	□差
4	能说出工业机器人的坐标系	□优	□良	□中	□差
5	能说出工业机器人安全操作的注意事项	□优	□良	□中	□差
6	学习效果	□优	□良	□中	□差

▶任务小结

请学生小结本次任务过程中的收获与存在的问题,并提出改进计划,写入下表。

收获	存在的问题	改进计划

任务二　手动操作工业机器人

▶任务描述

本任务以 HSR-JR 612 工业机器人为例,介绍工业机器人示教器的功能与操作,使学生掌握工业机器人的基本操作。

▶任务准备

准备名称	准备内容	负责人	完成情况
实训工具	工业机器人实训平台、水性笔		
学习资料	教材、任务书、笔记本、练习本、笔		

▶任务实施

开机

一、工业机器人的开机与关机

1. 开机

①按下控制柜和示教器的紧急停止按钮,如图 1-8 所示。

②打开电源开关,电源指示灯亮;几秒钟后示教器出现系统初始化界面,等待出现如图 1-9 所示的手动界面。

③拧起控制柜和示教器上的紧急停止按钮。

④按下控制柜上的伺服使能按钮,伺服使能的黄色指示灯亮,开机完成。

注意事项:在开机的过程中不要去随意点击屏幕,否则容易导致示教器启动工业机器人操作系统时无反应。如果出现以上情况,请按照附录中“常见故障现象及解决方法”中介绍的方法处理。

图 1-8　控制柜面板

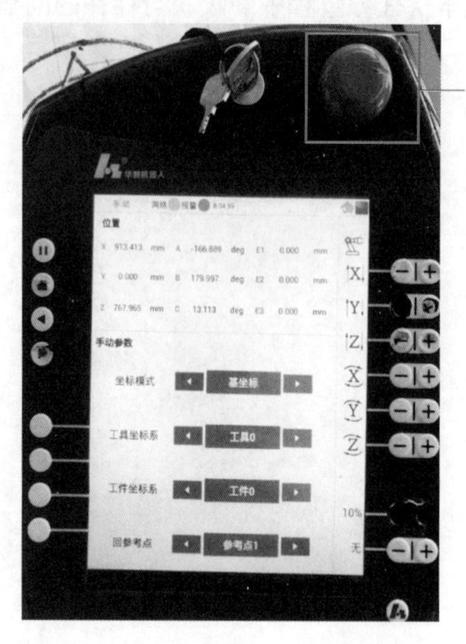

图 1-9　示教器正面

2. 关机

①机器人回到参考点。

②按下控制柜和示教器的紧急停止按钮。

③关掉电源开关。

④把示教器放回到指定位置,完成关机。

二、示教器的功能按键

如图 1-10 所示为工业机器人示教器的整体外观。示教器按键主要包括急停按钮、轴控制按键、倍率调节按键、增量调节按键、菜单键、程序控制键(启动键、停止键、暂停键)、三段式开关。主要按键的功能见表 1-1。示教器背面的 MicroUSB 接口为调试接口,用于与 PC 机连接。另外一个 USB 接口用于连接 U 盘。

表 1-1　按键功能表

编号	按键名称	功能
1	急停按钮	使工业机器人紧急停机
2	轴控制按键	手动移动机器人
3	倍率调节按键	调节工业机器人的运动速度
4	增量调节按键	在增量模式下调节工业机器人的运动速度
5	菜单键	调出窗口切换菜单
6	启动键	启动程序的运行

续表

编号	按键名称	功能
7	停止键	停止程序的运行
8	暂停键	暂停程序的运行
9	三段式开关	轻按，轴控制区域的轴号会显示为绿色，表示这些轴现在处于可移动状态，用相应的轴控制按键即可控制相应轴的运动。未按下或用力过大时，轴控制区域的轴号会显示为黑色，表示这些轴现在处于不可移动状态

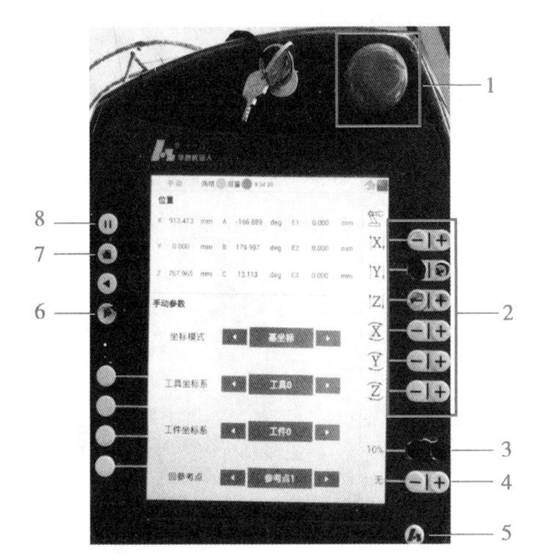

图 1-10　示教器正面与反面按键

借助示教器，可以实现对工业机器人的控制功能如下：

- 手动控制机器人运动；
- 机器人程序示教编程；
- 机器人程序自动运行；
- 机器人运行状态监视；
- 机器人控制参数设置。

三、示教器操作界面介绍

1. 手动界面

手动界面是示教器软件的初始界面，主要用于显示和设置机器人手动控制的相关操作，如图 1-11 所示。

(1)状态栏

状态栏用于显示网络状态和当前控制器状态，如图 1-12 所示。

页面名称：显示当前处于哪个页面。

网络状态：绿色表示网络连接正常。

报警状态：绿色表示当前无报警，红色表示机器人当前发生报警，点击“报警”按钮，会弹出对话框，显示当前报警信息。

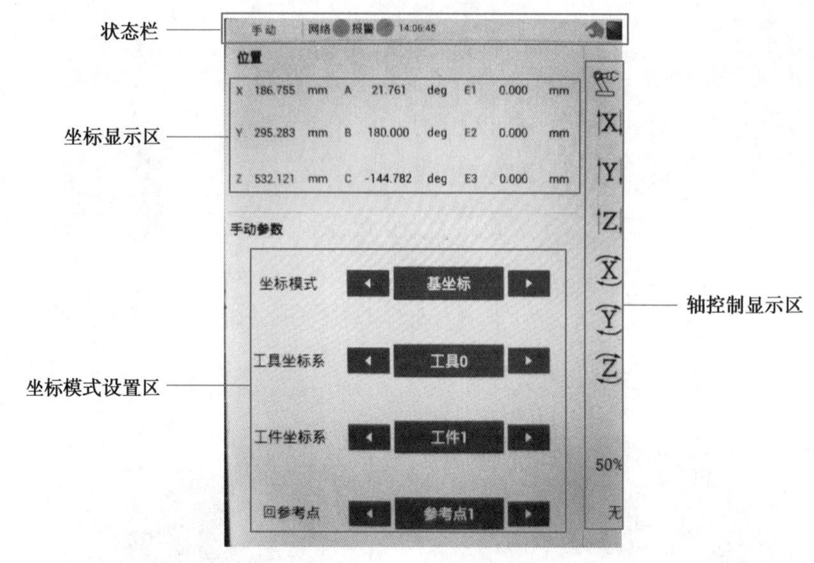

图 1-11　手动界面

运行模式:分为手动和自动两种模式。

程序状态:分为运行、停止和暂停 3 种状态。

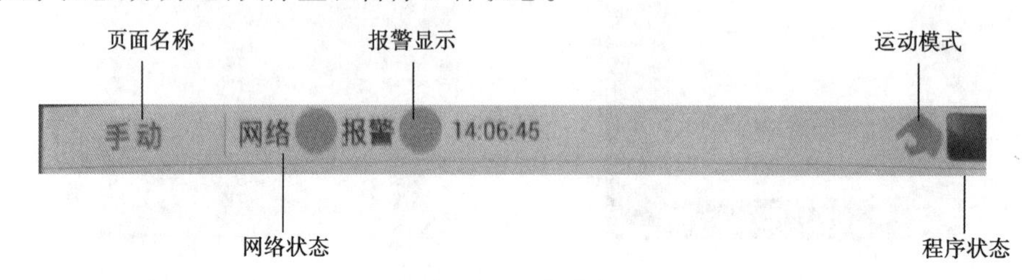

图 1-12　状态栏

(2)轴控制显示区

轴控制显示区显示当前可移动的轴号、倍率和增量值。

点击轴控制显示区的机器人图标按钮,弹出坐标模式选择对话框,选择不同的坐标系模式,会显示不同的内容。在关节坐标模式状态下,轴号显示为 J1、J2、J3、J4、J5、J6,直角坐标模式下(基坐标、工具坐标、工件坐标),轴号显示为 X、Y、Z、A、B、C。

倍率调节:调节机器人运行时的速度。以机器人的最大速度为基准,用百分数表示,可通过正负按钮进行调节,也可以以步距(步距为 1%、2%、3%、4%、5%、10%、20%、30%、40%、50%、60%、70%、80%、90%、100%)为单位进行调节,如图 1-13 所示。

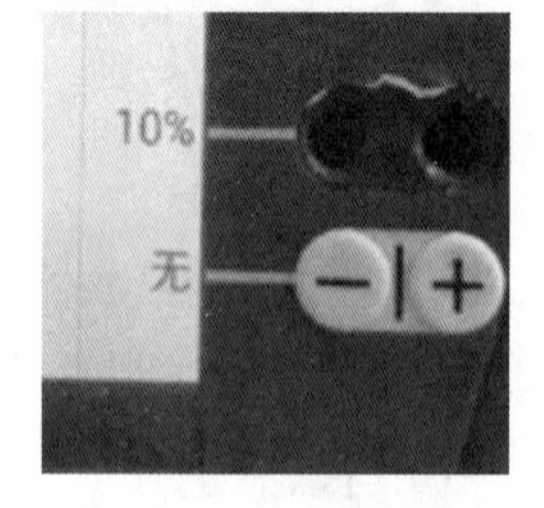

图 1-13　速度调节

增量调节:当显示值为“无”时,表示机器人的手动运行模式是连续运动,即按住轴控制按钮,机器人就运动,松开轴控制按钮,机器人停止运动。当显示值为“×1”“×10”或“×100”时,表示机器人的手动运行模式是增量运动,即按一次控制按钮,机器人移动一定角度或距离之后即停。

注意:一般情况下,增量模式设置为“无”,即为连续移动模式。

(3)坐标显示区

坐标显示区显示当前轴号及相应坐标值。

关节坐标模式下,显示为关节坐标。关节坐标使用的坐标为 J1、J2、J3、J4、J5、J6。所显示的数据为各关节轴相对于原点所转过的角度,如图 1-14 所示。

图 1-14　关节坐标模式下的坐标显示

直角坐标模式下(基坐标、工具坐标、工件坐标),显示为直角坐标。直角坐标使用的坐标为 X、Y、Z、A、B、C。所显示的数据为当前工具坐标系位于当前坐标系下(基坐标或工件坐标)的位姿,如图 1-15 所示。

图 1-15　直角坐标模式下的坐标显示

(4)坐标模式设置区

坐标模式设置区用于显示当前的坐标模式信息。

点击中间按钮,会弹出对应的设置对话框。按左侧或右侧的箭头按钮,也可以直接切换相应选项。

2. 示教界面

示教界面的功能菜单包含“新建程序”“打开程序”“程序检查”“保存”“另存为”“详情”,如图 1-16 所示。在此界面下可完成程序的新建、保存、复制、编辑、路径点的示教等操作。在此界面中也可选择不同的坐标模式控制机器人的移动。

示教界面

3. 自动界面

自动界面的功能菜单包含“加载程序”“单周模式”“单步模式”“显示模式”“指定行”等,如图 1-17 所示。在此界面下可完成程序的加载、调试等操作。

4. 寄存器界面

寄存器界面主要用于查看和更改寄存器、位置寄存器的值,如图 1-18 所示。

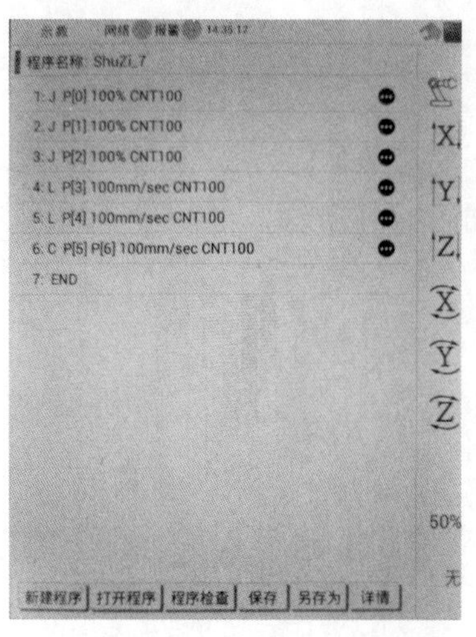

图 1-16　示教界面

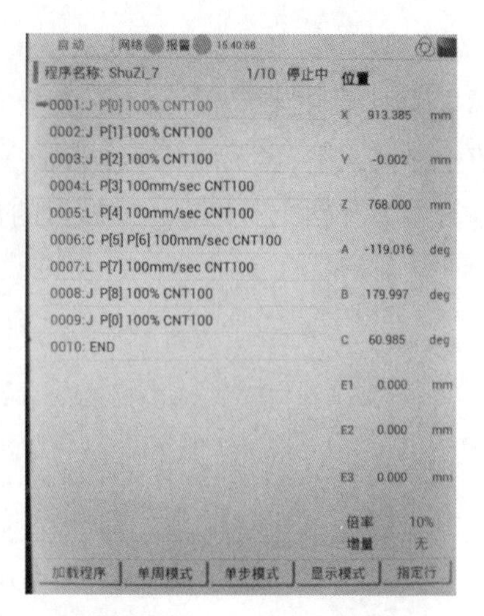

图 1-17　自动界面

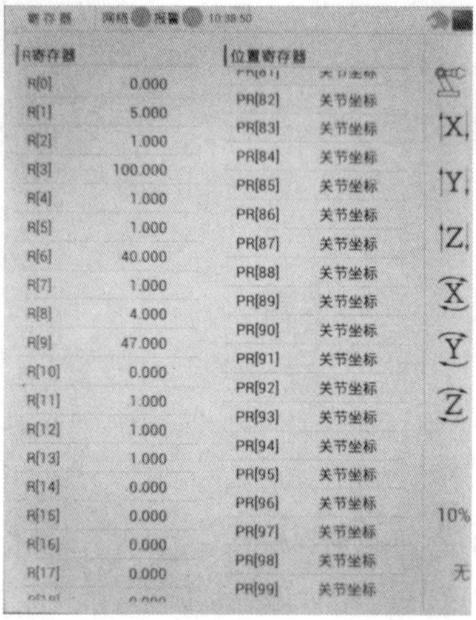

图 1-18　寄存器界面

5. IO 信号界面

机器人控制系统提供了完备的 I/O 通信接口，可以方便地与周边设备进行通信。在“输入信号(X)”和“输出信号(Y)”选项卡中可对这些输入/输出信号的状态进行查看和设置，如图1-19所示。

6. 设置界面

设置界面的功能菜单包含“工具坐标系设定”“工件坐标系设定”“组参数”“轴参数”“机械参数”“伺服参数”“校准”。点击选项卡后右侧会切换至相应界面，如图 1-20 所示。

7. 生产管理界面

生产管理界面主要显示与生产相关的一些信息，如图 1-21 所示。其中的功能菜单包含“报警历史”“用户报警”“程序管理”“操作记录”“设备管理”“关于设备”。

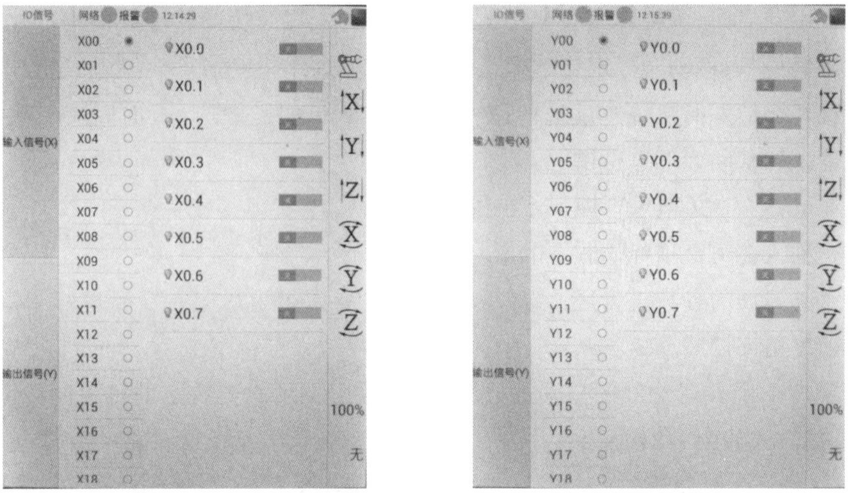

图 1-19　I/O 信号界面

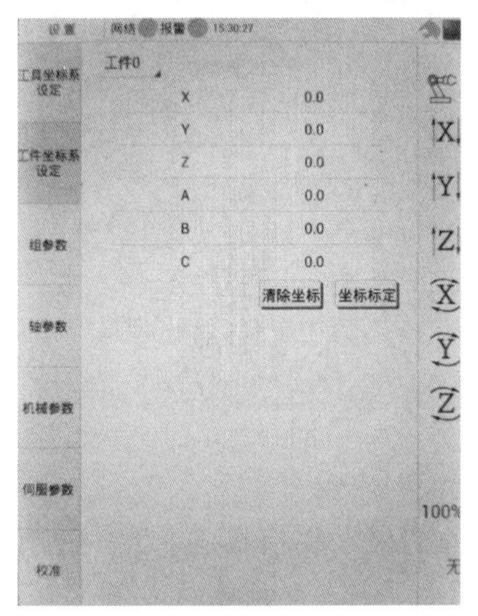

图 1-20　设置界面

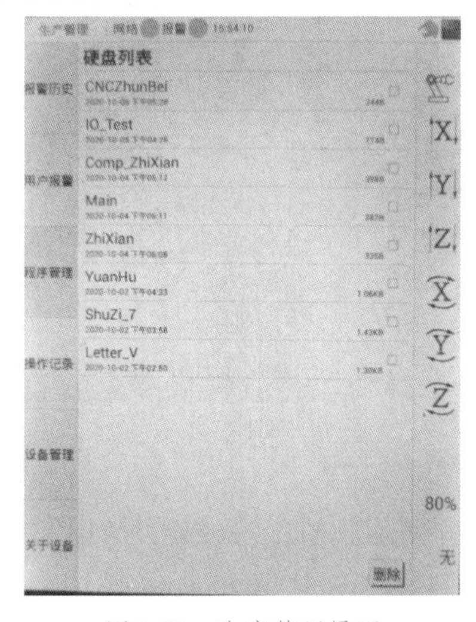

图 1-21　生产管理界面

常用的是程序管理选项卡，点击该选项卡，右侧显示出所有示教器中保存的程序。选中相应的程序，点击右下角的“删除”按钮，即可删除程序。

注意：如果删除的是示教界面正在编辑的程序，即使在该界面中进行了删除，进入“示教界面”点击“保存”按钮后，该程序会再次保存，并在该界面显示；只有不在示教界面进行保存操作，该程序才能删除。

在背部的 USB 接口插入 U 盘，程序管理界面切换为图 1-22 所示的界面。可以在示教器与 U 盘之间复制程序文件。

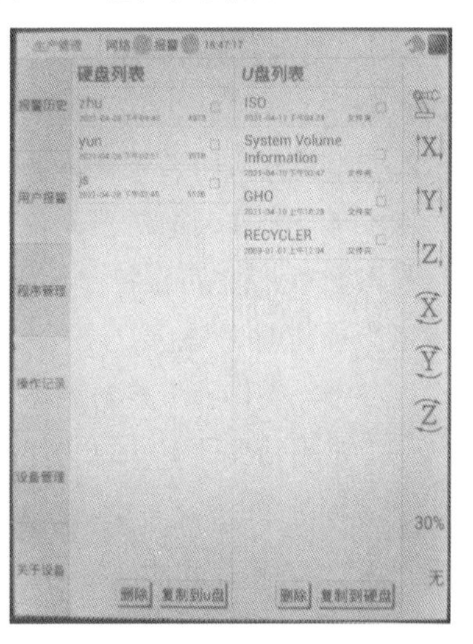

图 1-22　插入 U 盘后的显示界面

四、工业机器人的基本操作

工业机器人的操作主要是指用示教器控制机器人

的移动。在手动界面、示教界面、IO信号界面、设置界面以及生产管理界面均可控制机器人的移动,控制机器人移动时一定要选择正确的坐标模式和速度倍率,在移动过程中,还要根据现场情况和操作者的熟练程度适时改变坐标模式和速度倍率。下面以在手动界面下控制工业机器人的移动为例进行讲解。

1. 工业机器人在关节坐标模式下的操作

工业机器人在关节坐标模式下的操作步骤如下:

①在手动界面的参数设置区选择“关节坐标”“工具0”和“工件0”模式。

②将速度倍率调节至30%。

③左手按下示教器背部的三段式开关,右手放置在示教器右边的轴控制按键区域,做好准备,握持方式如图1-23所示。

背面握持方式

正面握持方式

图1-23 示教器握持方式

④按下对应轴的正、负方向键,以控制机器人的移动。在控制某个轴的移动时,眼睛要看着机器人,再按下方向按键。

示教器握法

注意:在②中提到的速度倍率值为30%,在实际控制中,移动J4、J5、J6这3个轴时,可以增加至50%。速度倍率务必适时调节,在保证安全的前提下提高效率。

2. 工业机器人回参考点操作

回参考点操作是把机器人各轴移动至设定的零点位置。可以控制所有轴一起回参考点,也可以控制6个轴中的其中一个轴单独回参考点。在执行回参考点操作时,仍然要选择合适的速度倍率,但是无须对坐标模式进行切换。回参考点操作的步骤如下:

基本操作

①点击手动界面下方的“参考点1”按钮,弹出如图1-24所示的对话框。

②一直按住“全部回零”按钮,各个轴都以自己的速度回到参考点。如果只需某一个轴回参考点,一直按住相应的按钮即可。回到参考点后,各轴将停止移动。

注意:在执行全部回参考点操作时,各轴以自己的速度移动,无法预估机器人的运动路径。为了避免回参考点时与周边设备发生碰撞,务必要先将机器的各关节轴移动至安全位置,再执行回参考点操作。

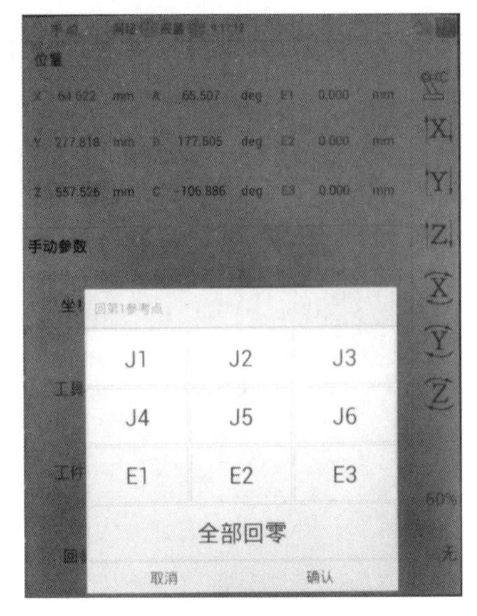

图 1-24　回参考点关节选择

图 1-25　机器人姿态

3. 工业机器人在直角坐标模式下的操作

在直角坐标模式下移动工业机器人时,先在关节坐标模式下控制 J3、J4、J5 轴,将工业机器人的姿态调整为图 1-25 所示。

操作步骤如下:

①在手动界面的参数设置区选择“基坐标”“工具 0”和“工件 0”模式。

②将速度倍率调节至 20% 。

③左手按下示教器背部的三段式开关,右手放置在示教器右边的轴控制按键区域,做好准备。

④按下正、负方向键控制机器人的移动。在控制某个轴的移动时,眼睛要看着机器人,再按下方向按键。

注意:在直角坐标系下不可以大范围移动机器人,否则会导致 J4 轴出现超速报警。

▶任务练习

1. 在关节坐标模式下选择合适的速度倍率对每个关节轴进行较大幅度的调节,以熟悉各个轴的运动方向和速度。完成图 1-26 所示姿态的调节。

2. 选用合适的坐标模式及速度倍率调节如图 1-25 所示的机器人姿态,切换至基坐标模式,选择合适的倍率,移动机器人至教师指定的位置,移动过程中不得改变机器人的姿态。

图 1-26　机器人姿态调节

▶任务评价

完成本任务的学习后,教师根据课堂表现、习题练习等情况对学生的学习过程和结果进行评价。

序号	评价要点	得分			
1	行为习惯符合课堂纪律与要求	□优	□良	□中	□差
2	学习资料准备齐全	□优	□良	□中	□差
3	能正确开机、关机	□优	□良	□中	□差
4	能选用合适的坐标模式及速度倍率对机器人的姿态进行调节	□优	□良	□中	□差
5	学习效果	□优	□良	□中	□差

▶任务小结

请学生小结本次任务过程中的收获与存在的问题,并提出改进计划,写入下表。

收获	存在的问题	改进计划

▶技能提高

一、选择关节坐标模式与基坐标模式的条件

只需要机器人末端工具的位置与姿态时选择基坐标模式,移动距离较大且机器人要做出较大的姿态调整时选择关节坐标模式。

如图1-27所示,J4轴的轴线与J6轴的轴线同轴或接近同轴时,只能选择关节坐标模式控制机器人的移动。若选择直角坐标模式移动机器人,机器人会出现J4轴超速报警。

二、在关节坐标模式下移动工业机器人的速度倍率调节

系统对各个轴设定的最大移动速度都不一样,所以,在移动不同的轴时,可以选择不同的速度倍率,以此提高效率。

①移动J1、J2、J3轴时,一般情况下选择30%的速度倍率。移动J4、J5、J6轴时,一般情

图 1-27　奇异点

况下选择 50% 的速度倍率。

②当需要移动较大的距离时,在保证不发生碰撞的情况下,可以根据自己的熟练程度,选择不同的速度倍率。当移动的距离较小时,则建议采用较小的速度倍率。

③需提前放开方向按键。操作者放开方向按键,机器人并不会立刻停下来,它有一个减速停止的过程,在此期间其关节轴仍然在移动。速度倍率越大,机器人移动的距离就越大。所以,当观察到机器人到达了目标位置再放开方向按键,往往会使机器人超过目标位置而发生碰撞。

④不要觉得 1%、2%、3%、5%、10% 这样的倍率太慢。在做微小的姿态调整时,只有在这些倍率下效率才更高。

三、在基坐标模式下的操作与速度倍率调节

在基坐标模式,一般情况下只需控制 X、Y、Z 这 3 个轴,即可把机器人末端工具移动至目标点。也可以通过调节 A、B、C 轴,对机器人姿态进行微调节,操作者必须清楚按下 A、B、C 键中的一个时,机器人的姿态将如何改变。

在基坐标模式下也要注意提前放开相关按键,及时调节机器人的速度倍率。

轨迹示教编程

本项目将介绍单个轨迹、多个轨迹的示教编程，使学生熟悉工业机器人运动指令、子程序调用指令的应用，了解工业机器人的工作流程，能快速完成程序的编写、示教与调试。

☐ 知识目标

1. 熟悉工业机器人的路径规划方法；
2. 熟悉工业机器人编程指令的使用；
3. 熟悉工业机器人编程的相关规定；
4. 熟悉程序调试方法与步骤；
5. 熟悉工业机器人位置数据的形式、意义及记录方法。

☐ 技能目标

1. 能合理规划工业机器人的运动路径；
2. 能够新建、编辑和加载程序；
3. 能合理选用位置变量和位置寄存器存储位置数据；
4. 能合理设计主程序和子程序；
5. 能灵活运用相关编程指令完成程序的编写；
6. 能完成轨迹程序的调试和自动运行。

☐ 思政目标

1. 激发学生的学习兴趣，训练学生良好的操作习惯，培养学生严谨的学习态度。
2. 培养学生好学向上、积极动手、团结协作、吃苦耐劳等良好品质。
3. 培养学生的 7S 职业素养

任务一　程序编辑

▶任务描述

本任务将介绍程序命名规则、运动指令的类型及使用方法，通过把相应程序输入示教器，讲解并演示程序的新建、编辑、修改等操作，使学生掌握工业机器人编程的方法与技巧。

▶任务准备

准备名称	准备内容	负责人	完成情况
实训工具	工业机器人实训平台、水性笔		
学习资料	教材、任务书、笔记本、练习本、笔		

▶知识准备

一、程序的组成

一个完整的程序由程序名、程序指令、程序结束标志3部分组成，如图2-1所示。

程序名用于识别存入控制器内存中的程序，在同一个目录下不能包含两个拥有相同程序名的程序。程序名长度不超过8个字符，由字母、数字、下划线组成。

程序指令包括运动指令、寄存器指令等编程中涉及的所有指令。

程序结束标志在编程时自动显示在程序的最后一条指令的下一行。只要有新的指令添加到程序中，程序结束标志就会自动向下移动，所以程序结束标志总在最后一行。当系统执行完最后一条程序指令后，执行到程序结束标志时，就会自动返回到程序的第一行。

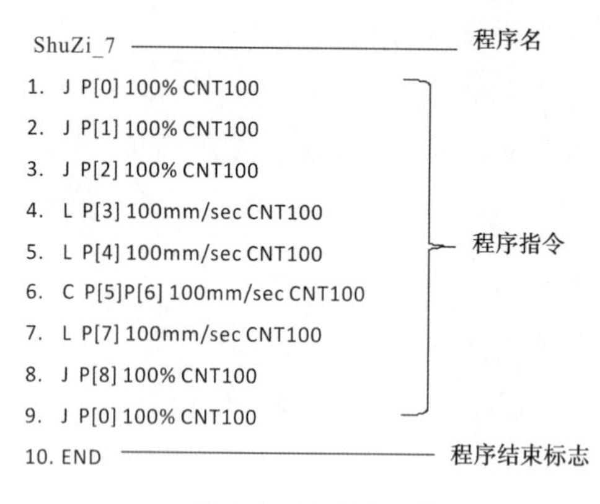

图2-1　程序的组成

二、程序命名规则

在对程序命名时如果随意使用字符，如1234、abcd、nnnn、9527等。虽然在输入程序名时不用过多思考，看似方便，但是却非常不方便使用者查找相应的程序，也不能通过程序名识别出某个程序的作用或功能。

为了方便识别和查找程序，在此约定：以代表性的单词或单词缩写、拼音或拼音缩写给程序命名，并采用驼峰式命名法。

驼峰式命名法：即每个单词、汉字的拼音的首字母大写，其余字母小写，字母与数字以下划线隔开。

例如：ZhiXian、ShuZi_7、Yuan 或 Line、Num_7、Circle。

三、运动指令的类型及组成

运动指令使工业机器人以指定的速度、特定的定位模式等将工具从一个位置移动到另一个指定位置。华数机器人一共有 3 种运动指令类型，其默认格式如下：

关节定位指令　J　P[…] 100% CNT100

直线定位指令　L　P[…] 100mm/sec CNT100

圆弧定位指令　C　P[…]P[…] 100mm/sec CNT100

每一种类型的运动指令由 5 个部分组成，如图 2-2 所示。

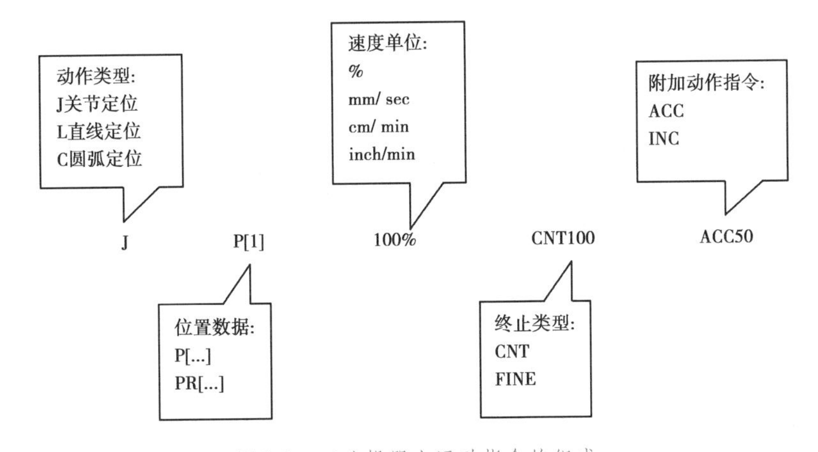

图 2-2　工业机器人运动指令的组成

- 动作类型：指定采用哪种运动方式来控制工业机器人末端到达指定位置的运动路径。
- 位置数据：指定运动的目标位置。

在运动指令中，位置数据通过位置变量（P[…]）或位置寄存器（PR[…]）表示。一般情况下使用位置变量来表示。

位置变量：用于保存位置数据的变量。在示教过程中，位置数据被自动保存到程序文件中，此时的坐标系均为当前所选择的，当复制指令时，位置及相关信息也一同被复制。位置变量的取值范围为 0 ~ 99999，如图 2-3 所示。

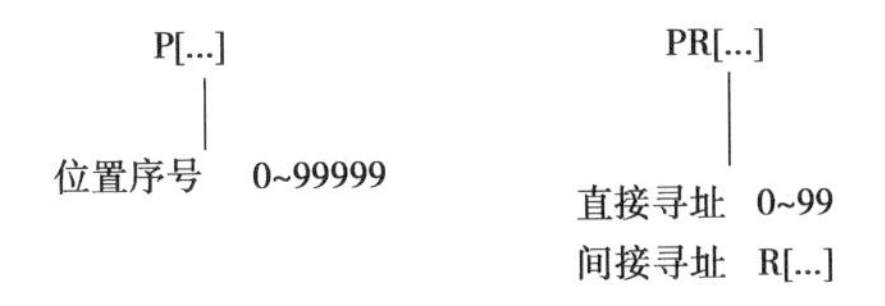

图 2-3　位置变量类型

位置寄存器：用于存放位置数据，使用方法类似通用寄存器（ R 寄存器）。在菜单树窗口的“寄存器”下的“位置寄存器”中，可以对位置寄存器组号、属性等进行查看、设置和修改。

- 进给速度：指定工业机器人运动的进给速度。
- 定位路径：指定相邻轨迹的过渡形式。

• 附加运动指令:指定工业机器人在运动过程中的附加执行指令。这一部分在编程中很少用到。所以,没有出现在默认格式中,根据需要添加即可。

1. 关节定位指令

运行指令行:J P[2] 100% CNT100

假设工业机器人处于当前位置 P1,当运行指令 J P[2] 100% CNT100 时,工业机器人从 P1 点以 100% 的速度采用关节定位方式移动至 P2 点,如图 2-4 所示。也可以理解为工业机器人从当前位置(P1)以最大进给速度的 100% 采用关节定位的方式移动至目标点 P2,其最大进给速度由工业机器人的系统参数给定,不同品牌、不同类型、不同型号的工业机器人的最大进给速度都不一样。

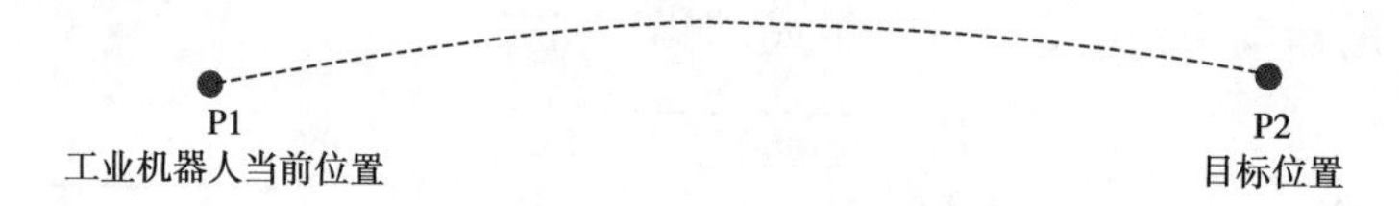

图 2-4 关节定位指令运行轨迹 1

当以关节定位指令控制工业机器人运动时,工业机器人独立控制各个关节以指定进给速度,到达目标点。工业机器人在两个点之间的运动路径通常是不确定的,工业机器人末端工具的姿态也没有被控制。

指令应用举例:

运行指令行: J P[2] 100% CNT100
J P[3] 50% CNT100

工业机器人从当前位置 P1 以 100% 的速度采用关节定位方式移动至 P2 点,再以最大进给速度的 50% 采用关节定位的方式移动至目标点 P3,如图 2-5 所示。

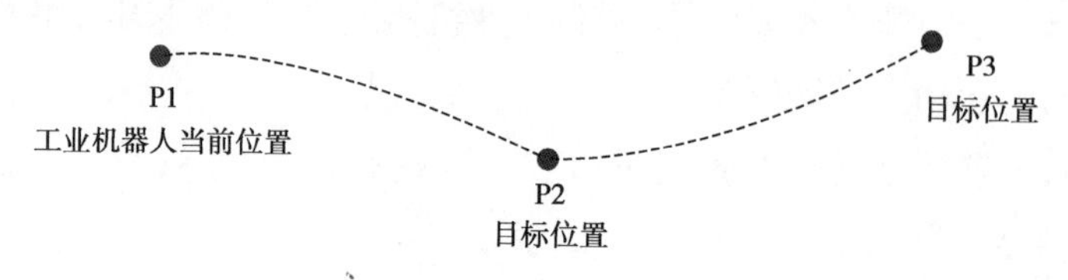

图 2-5 关节定位指令运行轨迹 2

在用关节定位指令使工业机器人运动时,工业机器人的末端工具在两个点之间的轨迹通常是不能确定的。因此,在运行指令时,一定要确保工业机器人远离周边设备,不会与周边设备及人员发生碰撞。

2. 直线定位指令

运行指令行: L P[2] 100mm/sec CNT100

假设工业机器人处于当前位置 P1,当运行指令 L P[2] 100mm/sec CNT100 时,工业机器人从 P1 点以 100mm/sec 的速度采用直线定位方式移动至 P2 点,如图 2-6 所示。

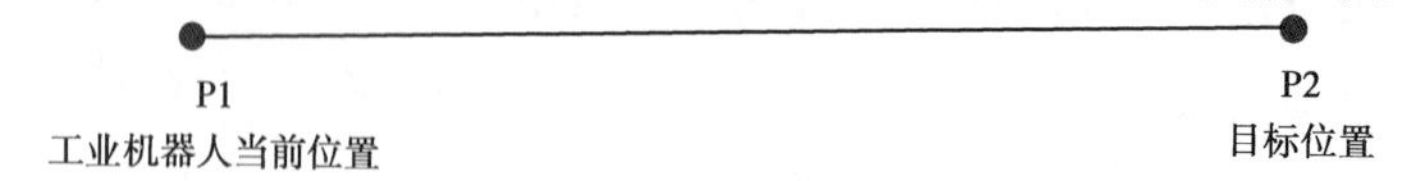

图 2-6 直线定位指令运行轨迹

直线定位指令使工业机器人运动时,工业机器人的末端工具在两个点之间的轨迹为一条直线,在运行程序之前工业机器人末端工具的运动轨迹可以预估。但是,使用直线运动指令使工业机器人做出距离较大的移动时,很容易导致工业机器人的第4轴运动超速而报警。所以,如果两点间的距离较大,或者工业机器人在两点间的姿态变化较大时,一定要使用关节定位指令。

指令应用举例:

运行指令:J　P[2] 100% CNT100

L　P[3] 500mm/sec CNT100

L　P[4] 30mm/sec CNT100

工业机器人从当前位置P1以100%的速度采用关节定位方式移动至P2点,再以500 mm/sec的速度采用直线定位方式移动至P3点,最后以30 mm/sec的速度采用直线定位方式移动至目标点P4,如图2-7所示。在运动过程中工业机器人末端工具的姿态如何变化,由工业机器人在起点和终点时的姿态决定。

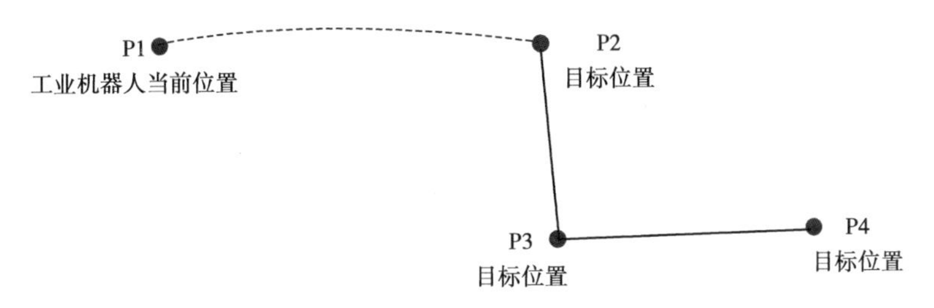

图2-7　关节定位指令与直线定位指令运行轨迹

3. 圆弧定位指令

运行指令:C　P[2]P[3] 100mm/sec CNT100

假设工业机器人处于当前位置P1,当运行指令C　P[2]P[3] 100mm/sec CNT100时,工业机器人从P1点开始沿着过P2点的圆弧以100mm/sec的速度运动至P3点,如图2-8所示。

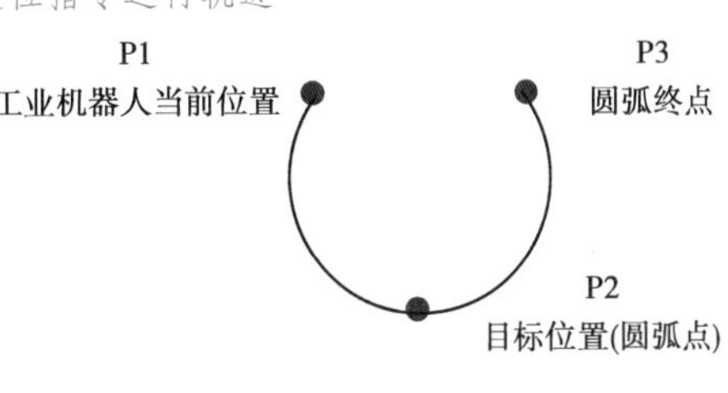

图2-8　圆弧指令运行轨迹

圆弧运动指令控制工业机器人末端工具沿圆弧轨迹从起始点经过圆弧点移动到圆弧终点位置,中间点(圆弧点)和圆弧终点在指令中一并给出。其速度由程序指令直接指定。通过区别起点和终点处的工业机器人姿态,来控制其末端工具的姿态。

指令应用举例:

运行指令:J　P[2] 100% CNT100

L　P[3] 100mm/sec CNT100

C　P[4]P[5] 80mm/sec CNT100

工业机器人从当前位置P1以100%的速度采用关节定位方式移动至P2点,再以100 mm/sec的速度采用直线定位方式移动至P3点,从P3点开始沿着过P4点的圆弧以80 mm/sec的速度运动至P5点,如图2-9所示。

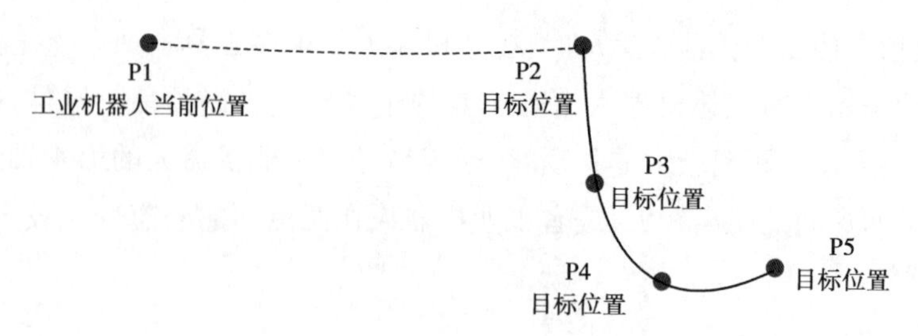

图 2-9　关节定位、直线定位和圆弧定位指令运行轨迹

由几何知识可知,不在一条直线上的 3 个点构成一个圆弧。使用圆弧指令时,圆弧的起点、圆弧点(中间点)、圆弧终点只要不在一条直线上即可。对 3 个点在圆弧上的位置并没有要求。

▶任务实施

工业机器人处于参考点 P0,选用合适的运动指令编写程序实现图 2-10 所示的工业机器人运动轨迹。

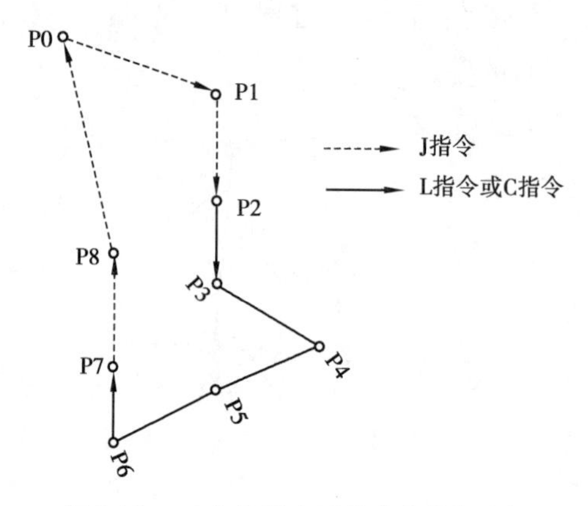

图 2-10　工业机器人写数字“7”的路径

程序名为“ShuZi_7”,“ShuZi”为“数字”的拼音,具体内容见表 2-1。

表 2-1　“ShuZi_7”程序内容

序号	运动指令	指令解释
1	J P[0] 100% CNT100	工业机器人从当前位置回到参考点 P[0]开始运行程序
2	J P[1] 100% CNT100	快速移动至安全点 P1
3	J P[2] 100% CNT100	快速移动至接近点 P2
4	L P[3] 100mm/s CNT100	以直线方式进给至轨迹起始点 P3
5	L P[4] 100mm/s CNT100	以直线方式进给至路径点 P4
6	C P[5]P[6] 100mm/s CNT100	以圆弧进给的方式经过路径点 P5,到达路径点 P6
7	L P[7] 100mm/s CNT100	以直线方式进给至回退点 P7
8	J P[8] 100% CNT100	快速移动至安全点 P8
9	J P[0] 100% CNT100	快速回到参考点 P[0]
10	END	程序结束标志

注:为了程序编写的规范性,本书约定安全点与起点和终点的距离为 150 mm,接近点、回退点与起点和终点的距离为 50 mm。

一、新建程序

①点击图 2-11 所示屏幕左上角的"手动"按钮或者按示教器右下角的"菜单"键，弹出如图 2-12 所示的窗口切换菜单，点击"示教"按钮进入示教界面，如图 2-13 所示。

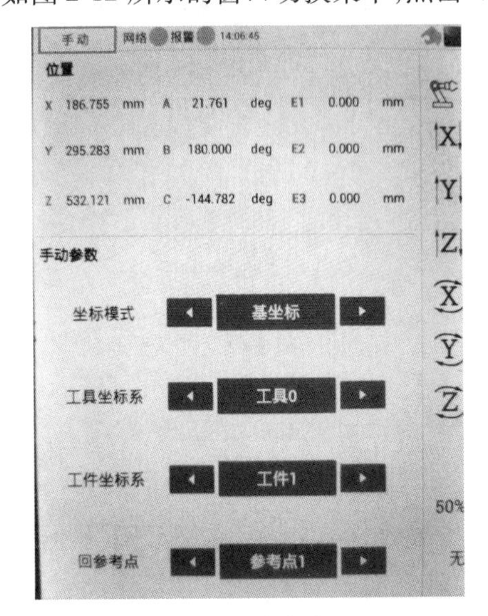

图 2-11　手动界面

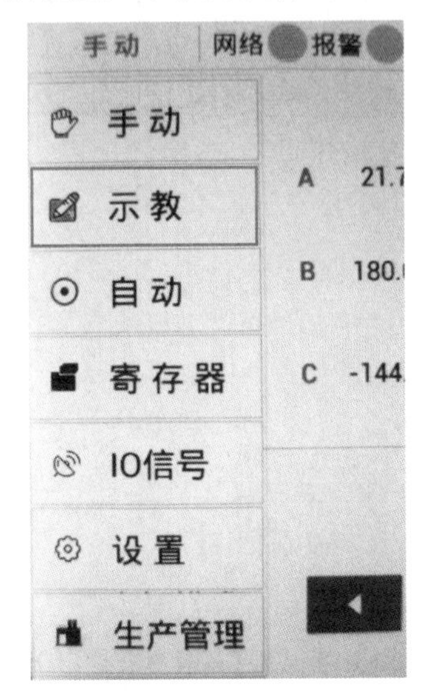

图 2-12　窗口切换菜单

②在图 2-13 所示的"示教界面"中，点击左下角的"新建程序"按钮，弹出如图 2-14 所示的"程序名"对话框。

在此对话框中提示了"程序名只能为字母和数字且以字母开头，2～30 个字符"。在此输入程序名称时要按照所学的程序命名规则输入，不要随意输入一些字符。

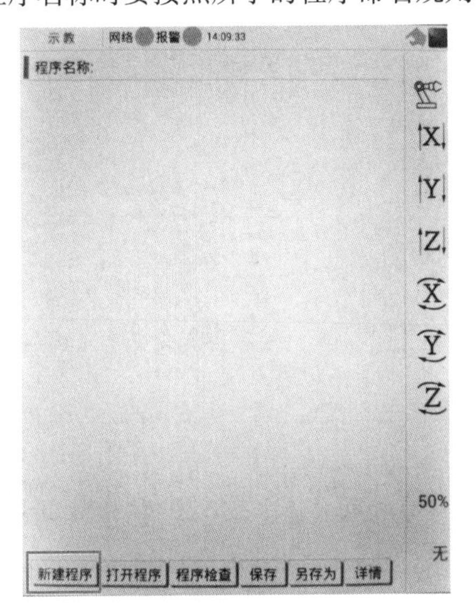

图 2-13　示教界面

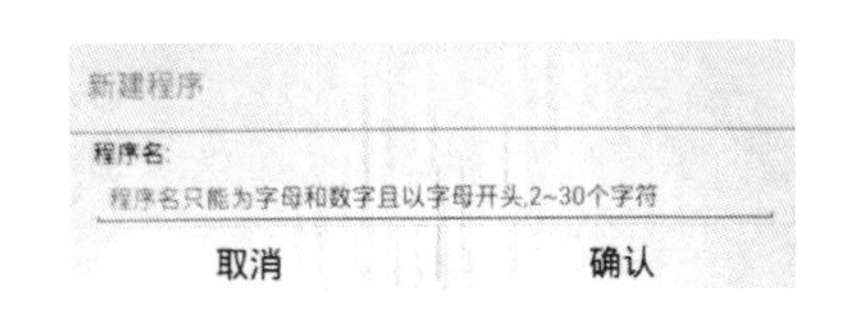

图 2-14　"程序名"对话框

③在"程序名"对话框中输入程序名"ShuZi_7"，如图 2-15 所示。点击"确认"按钮后程序新建完成，如图 2-16 所示。新建的程序自带程序结束标志"END"。

④点击示教界面底部的"保存"按钮后，将程序保存在内存中。

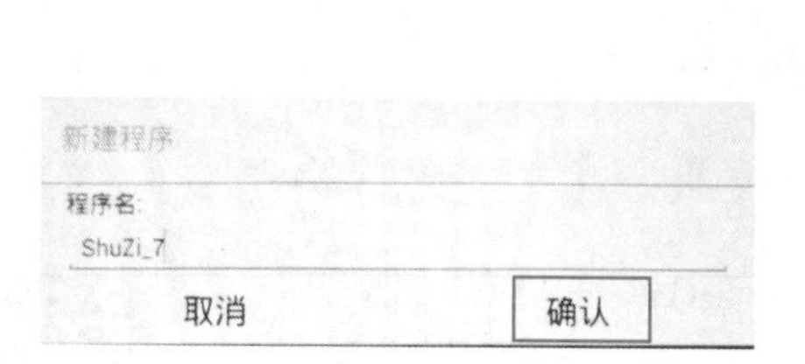

图 2-15 输入程序名

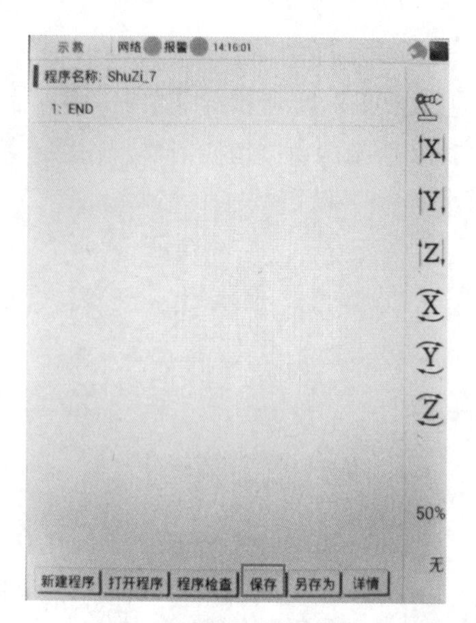

图 2-16 完成新建程序

二、输入程序

①输入第 1 行指令:J P[0]100% CNT100。点击示教界面中的 END 行,在弹出的"指令选择菜单"中选择"运动指令"选项,进入指令编辑对话框,输入指令确认无误后点击程序编辑界面右下角的"确认"按钮,如图 2-17 所示。

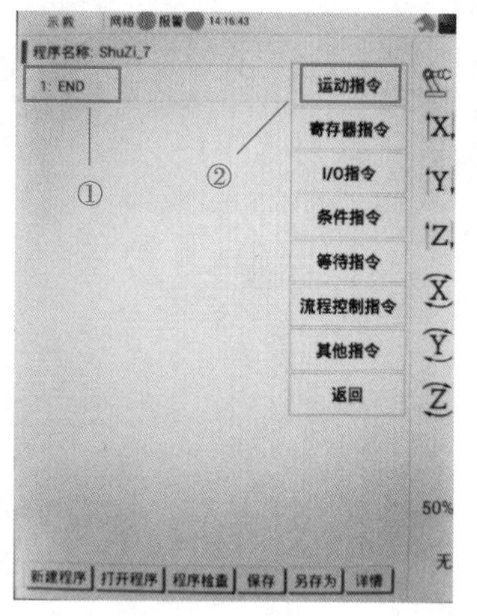

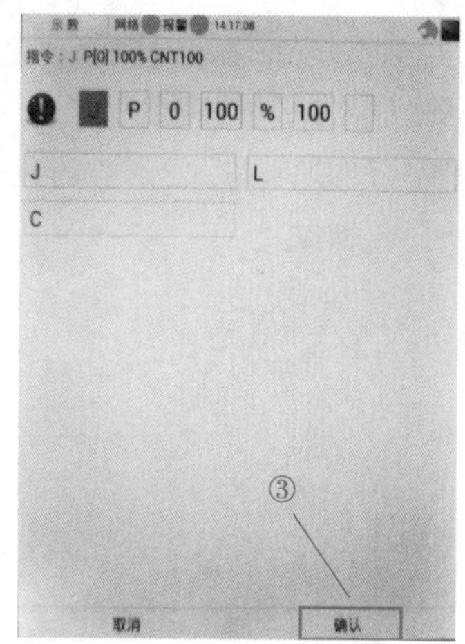

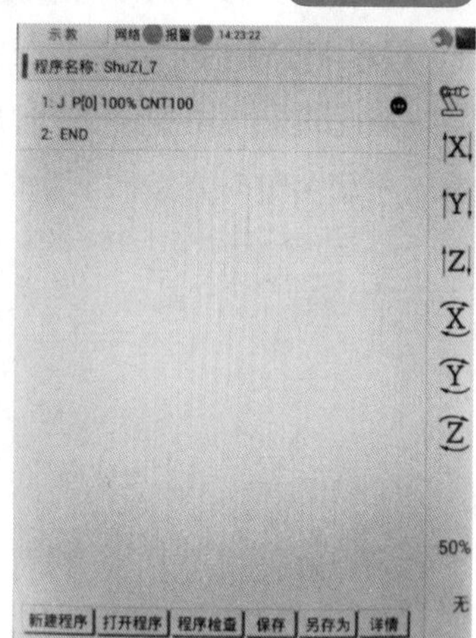

图 2-17 指令 J P[0] 100% CNT100 的输入

> 友情提示
>
> 在程序的输入过程中和程序输入完成后,都要养成及时点击"保存"按钮的习惯,以免突然停电或示教器死机使程序无法保存。

②输入第 2 行指令:J P[1] 100% CNT100。点击示教界面中的 END 行,在弹出的"指令选择菜单"中选择"运动指令"选项,进入指令编辑对话框,位置变量的序号自动增加 1,输入指令确认无误后点击程序编辑界面右下角的"确认"按钮,如图 2-18 所示。

③输入第 3 行指令:J P[2] 100% CNT100 。点击示教界面中的 END 行,在弹出的"指

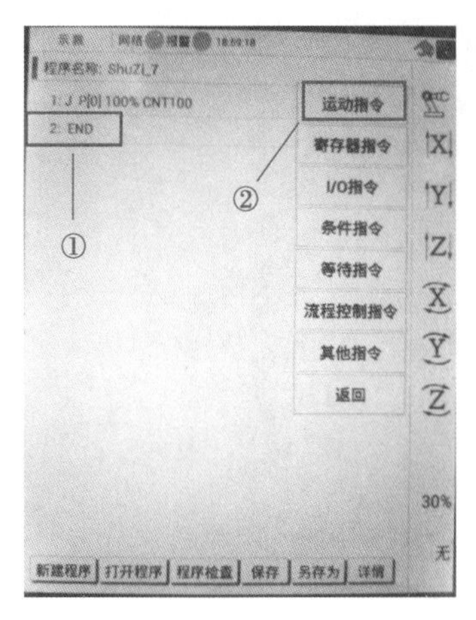

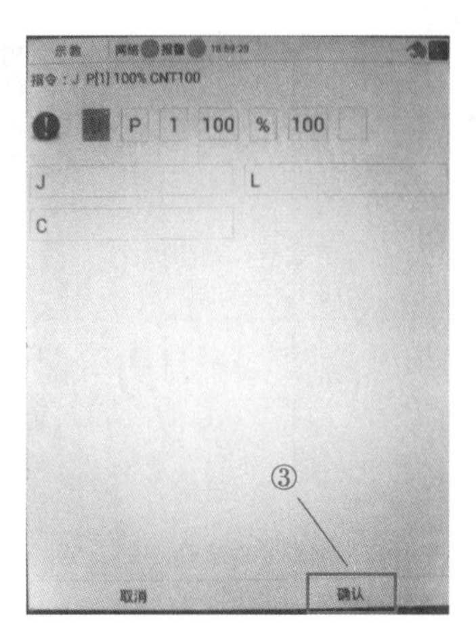

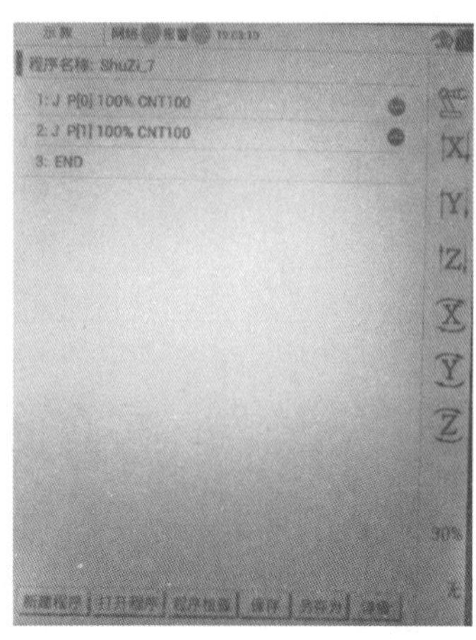

图 2-18　指令 J P[1] 100% CNT100 的输入

令选择菜单”中选择“运动指令”选项，进入指令编辑对话框，位置变量的序号自动增加 1，输入指令确认无误后点击程序编辑界面右下角的“确认”按钮，如图 2-19 所示。

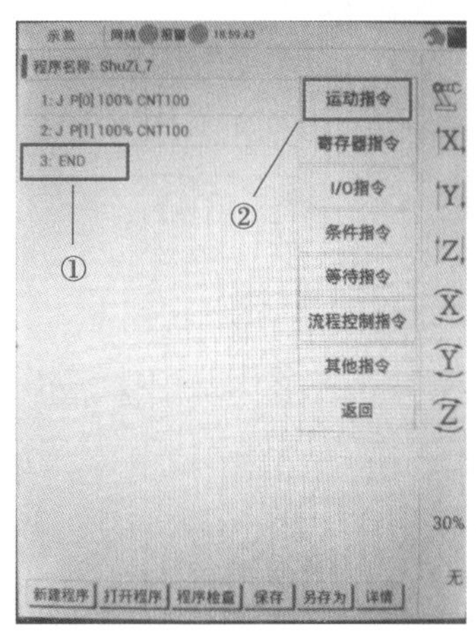

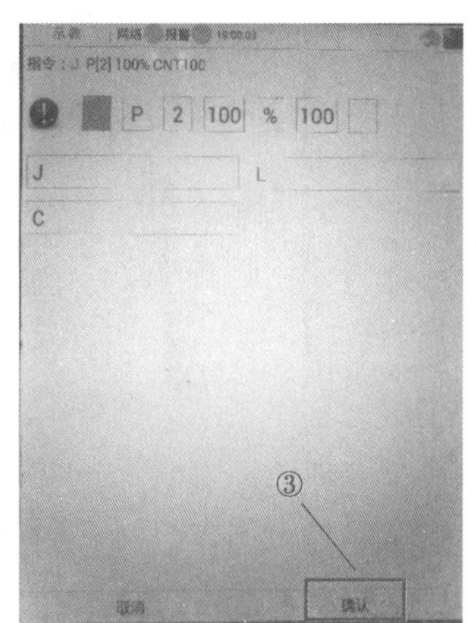

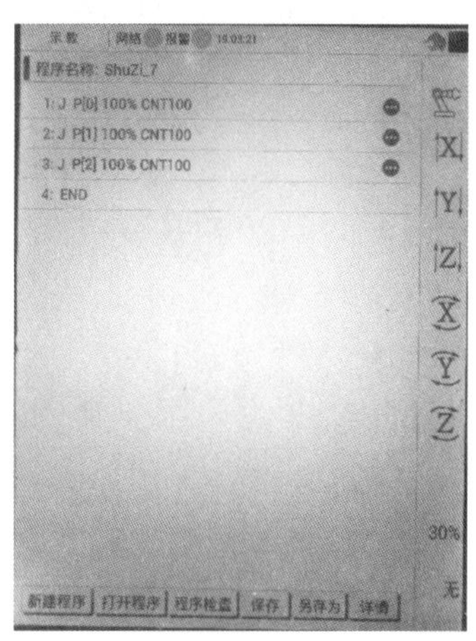

图 2-19　指令 J P[2] 100% CNT100 的输入

④输入第 4 行指令：L P[3] 100% CNT100。点击示教界面中的 END 行，在弹出的“指令选择菜单”中选择“运动指令”选项，进入指令编辑对话框，选择运动指令类型为直线定位“L”，输入指令确认无误后点击程序编辑界面右下角的“确认”按钮，如图 2-20 所示。

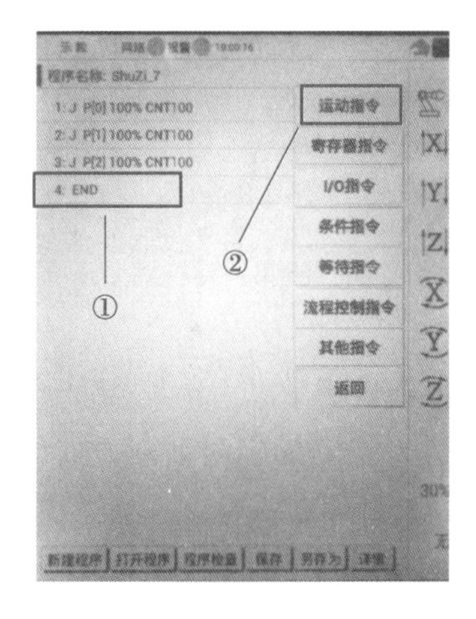

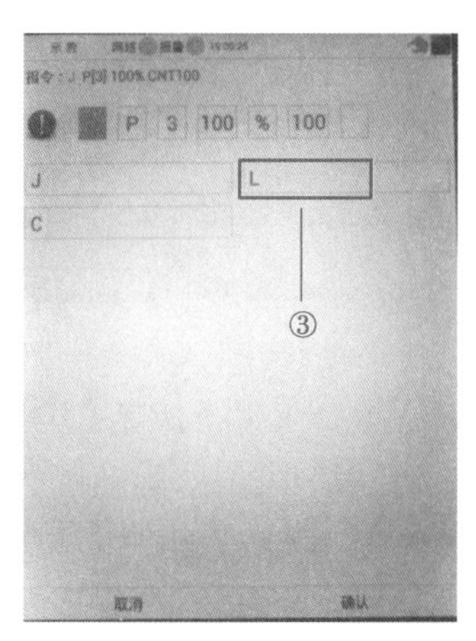

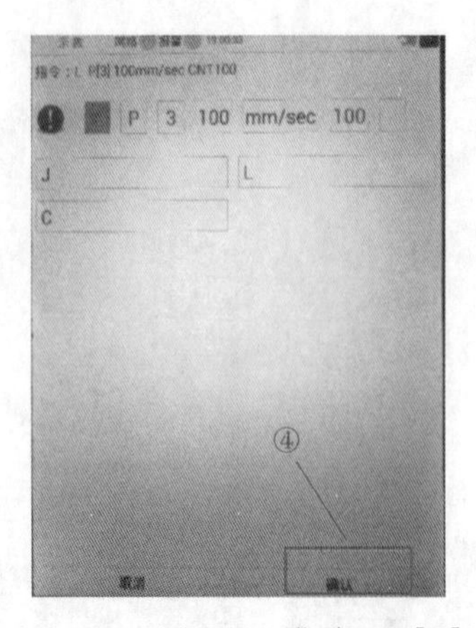

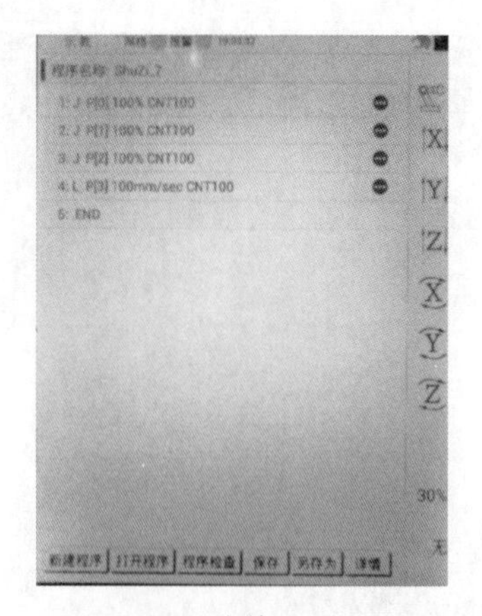

图 2-20　指令 L P[3]100mm/sec CNT100 的输入

⑤输入第 5 行指令:L P[4] 100 mm/sec CNT100。点击示教界面中的 END 行,在弹出的“指令选择菜单”中选择“运动指令”选项,进入指令编辑对话框,选择运动指令类型为直线定位“L”,输入指令确认无误后点击程序编辑界面右下角的“确认”按钮,如图 2-21 所示。

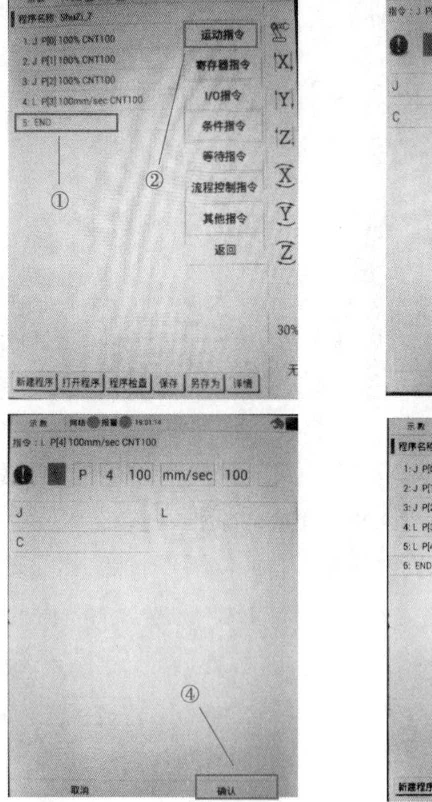

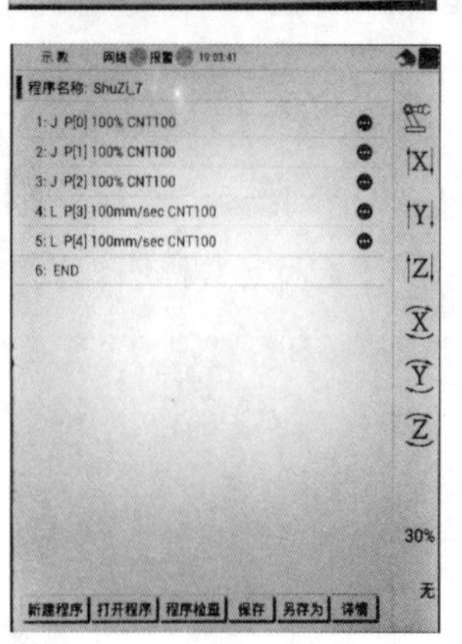

图 2-21　指令 L P[4] 100mm/sec CNT100 的输入

⑥输入第 6 行指令:C P[5]P[6] 100 mm/sec CNT100。点击示教界面中的 END 行,在弹出的“指令选择菜单”中选择“运动指令”选项,进入指令编辑对话框,选择运动指令类型为圆弧定位“C”,选择并输入圆弧终点位置变量编号 P[6],输入指令确认无误后点击程序编辑界面右下角的“确认”按钮,如图 2-22 所示。

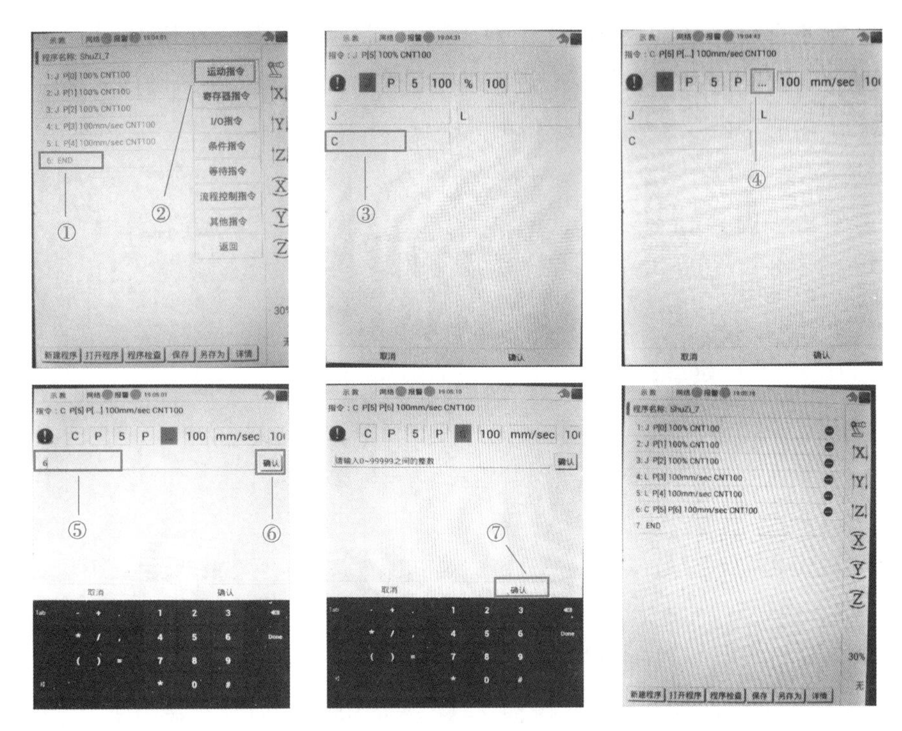

图 2-22　指令 C P[5]P[6] 100mm/sec CNT100 的输入

⑦输入第 7 行指令：L P[7] 100 mm/sec CNT100。点击示教界面中的 END 行，在弹出的“指令选择菜单”中选择“运动指令”选项，进入指令编辑对话框，选择运动指令类型为圆弧定位“L”，输入指令确认无误后点击程序编辑界面右下角的“确认”按钮，如图 2-23 所示。

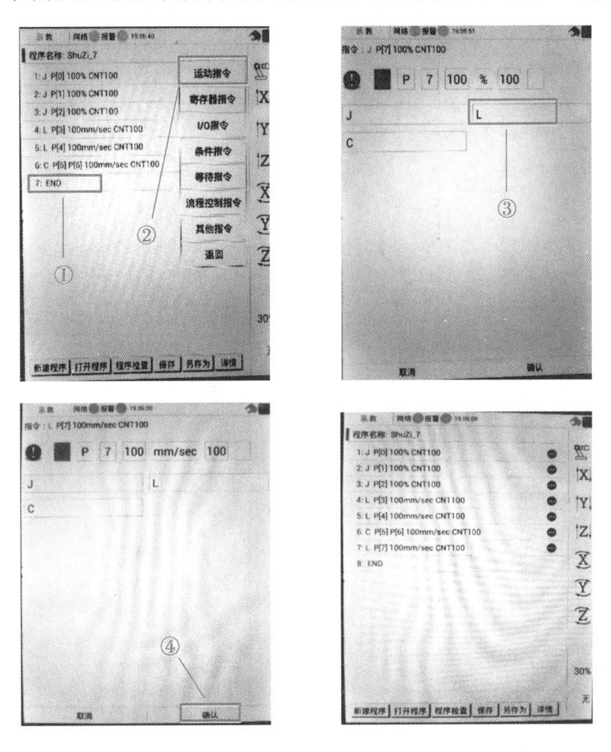

图 2-23　指令 L P[7] 100mm/sec CNT100 的输入

⑧输入第 8 行指令:J P[8] 100% CNT100。点击示教界面中的 END 行,在弹出的“指令选择菜单”中选择“运动指令”选项,进入指令编辑对话框,输入指令确认无误后点击程序编辑界面右下角的“确认”按钮,如图 2-24 所示。

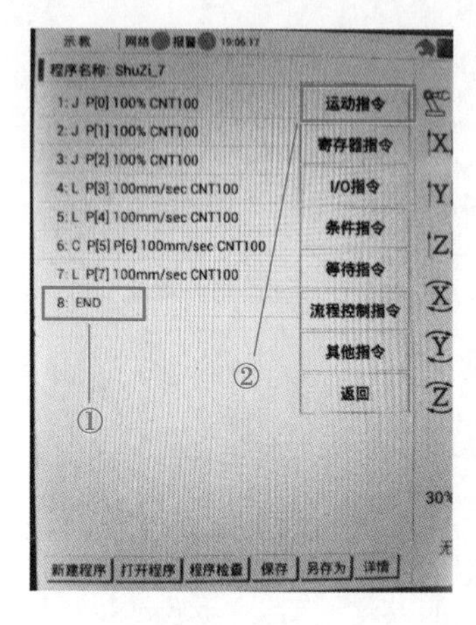

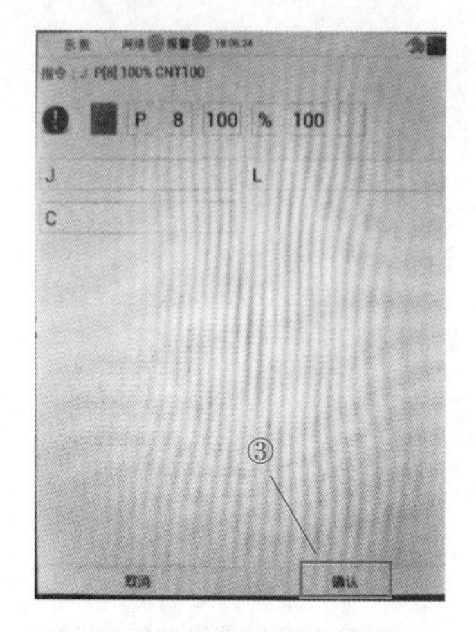

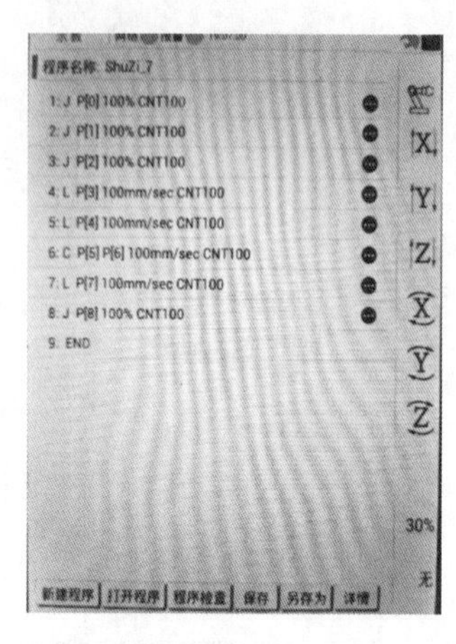

图 2-24　指令 J P[8] 100% CNT100 的输入

⑨输入第 9 行指令:J P[0] 100% CNT100。点击程序第 1 行右边的小黑圈,在弹出的对话框中选择“复制”命令。点击程序第 8 行右边的小黑圈,在弹出的对话框中选择“粘贴”命令,程序输入完成,如图 2-25 所示。

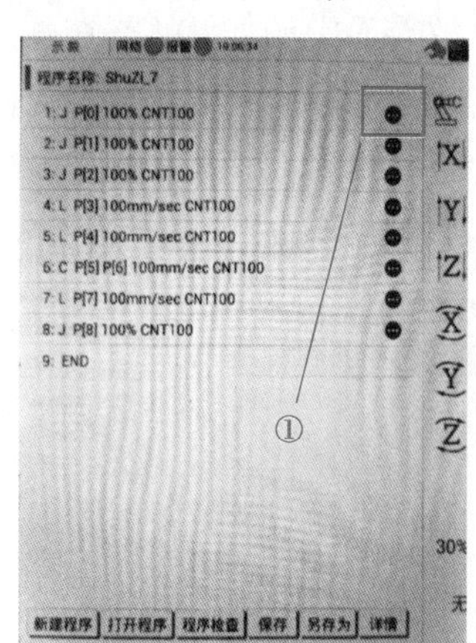

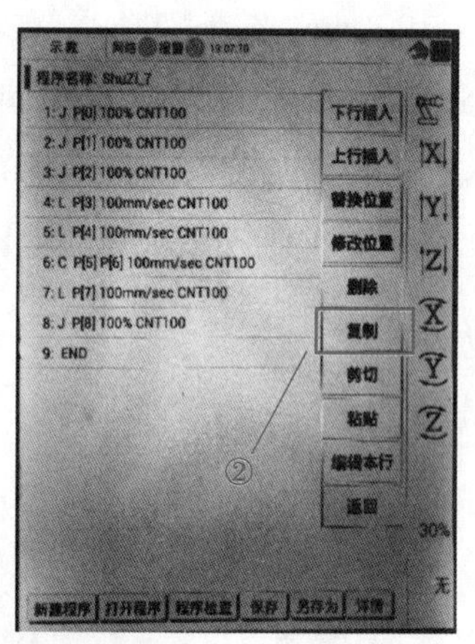

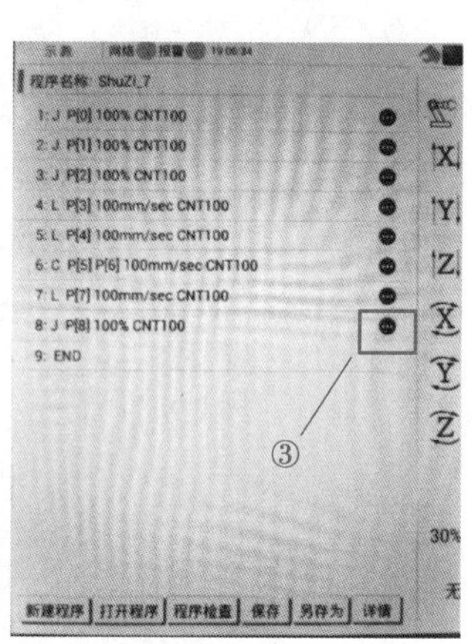

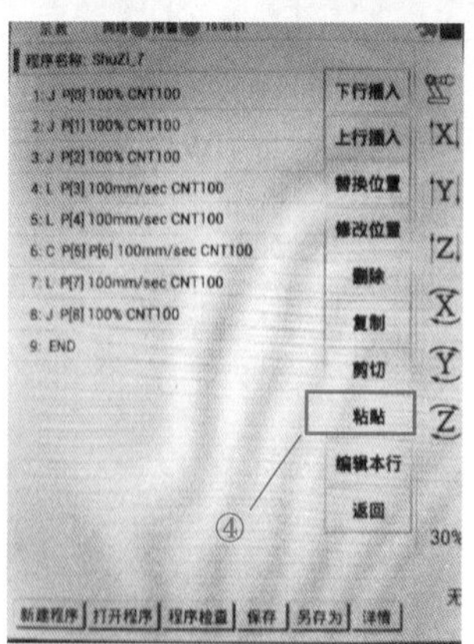

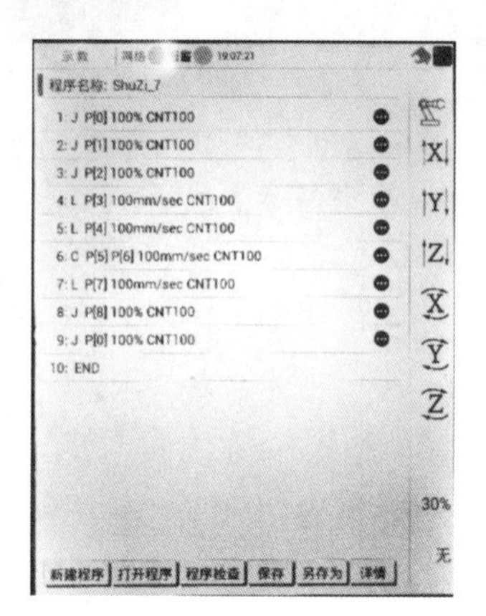

图 2-25　指令 J P[0] 100% CNT100 的输入

三、复制程序

①在图 2-26 所示的示教界面中，点击下方的“另存为”按钮，打开“另存为”对话框。

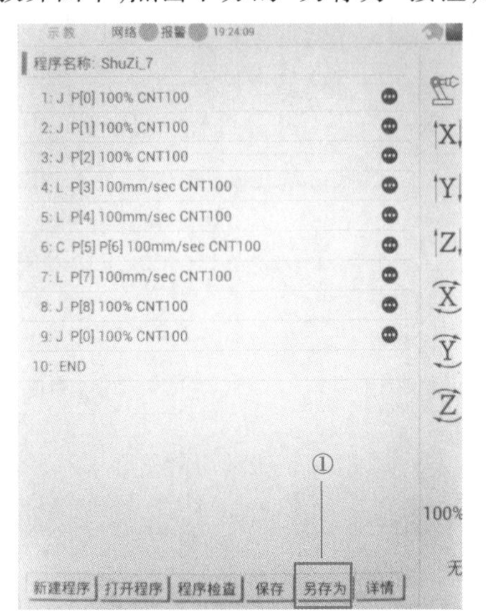

图 2-26　示教界面

②输入新的程序名称：ShuZi_7_1，如图 2-27 所示。点击“确认”按钮，程序复制完成，点击“保存”按钮保存程序，如图 2-28 所示。

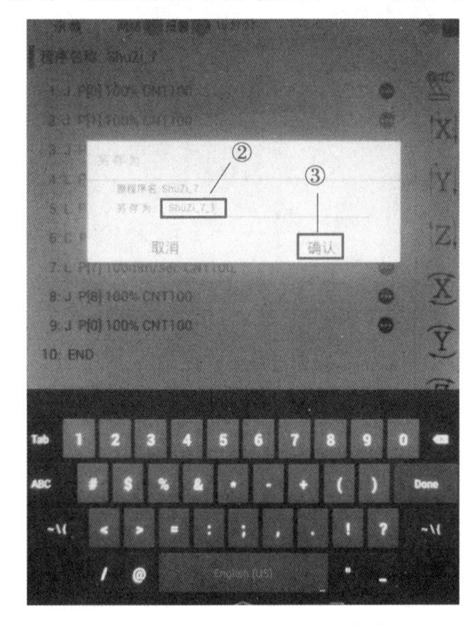

图 2-27　输入新的程序名称

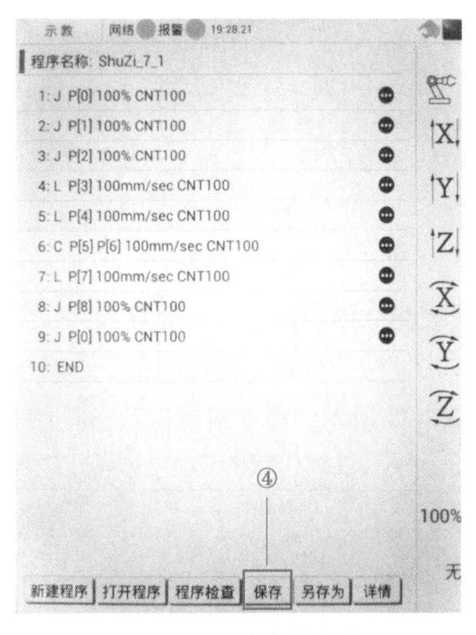

图 2-28　程序复制完成

四、修改程序

把前面复制的程序(ShuZhi_7_1)的第 4-6 行中的“CNT100”改为“FINE”。

①点击或短按第 4 行程序，进入程序编辑界面，如图 2-29 所示。选择终止方式选项，在下面的选项中选择“FINE”，点击“确定”按钮，如图 2-30 所示。

②用同样的方法对第 5 行和第 6 行程序进行修改，修改完成后的程序如图 2-J31 所示。

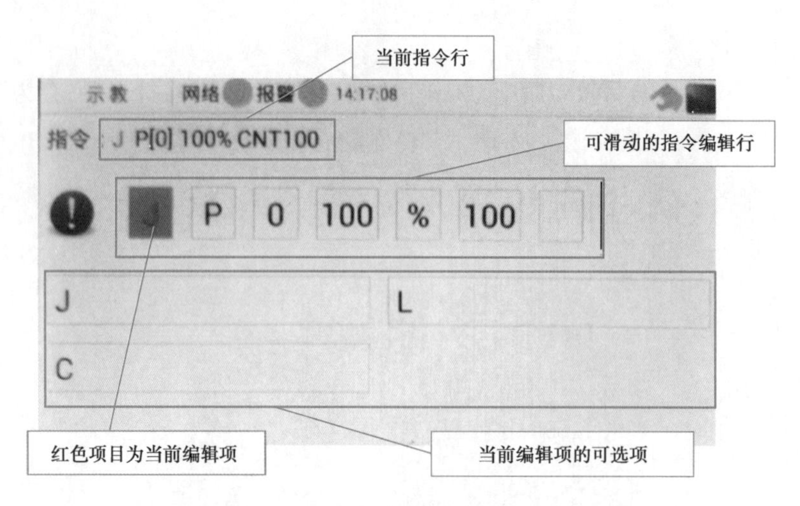

图 2-29　指令编辑界面

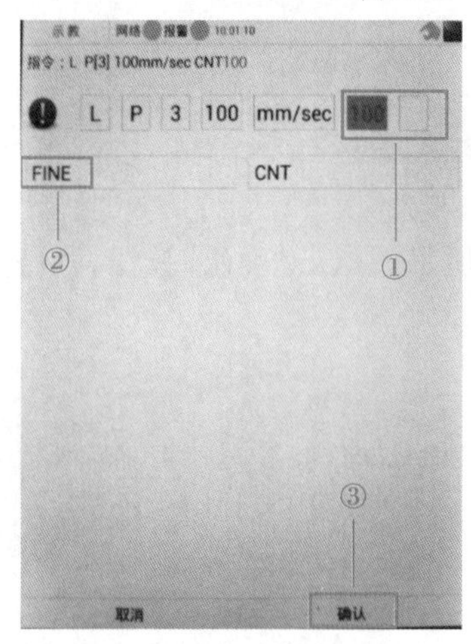

图 2-30　修改终止方式

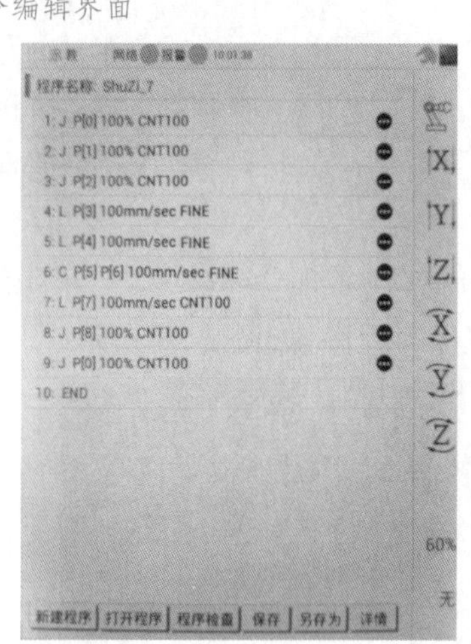

图 2-31　修改完成后的程序

修改指令内容行还有一种方法：

点击任意一行指令右边的指令编辑按钮(小黑圈),如图 2-32 所示,或者长按程序行,弹出如图 2-33 所示的指令编辑选项,通过编辑选项可以对指令进行修改。

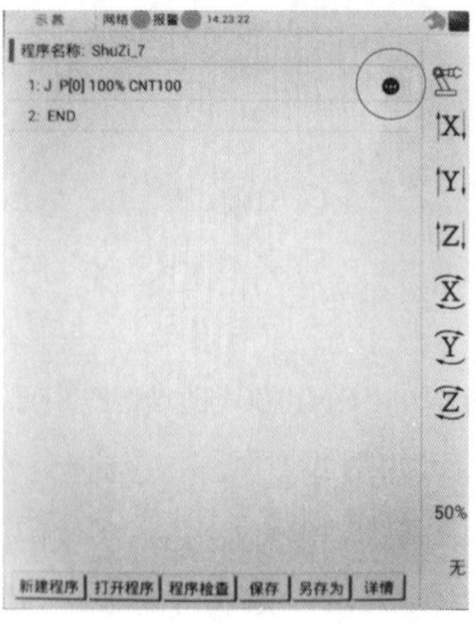

图 2-32　指令编辑按钮

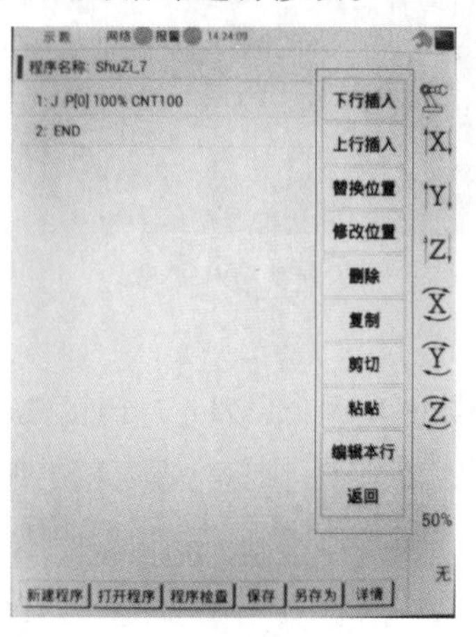

图 2-33　指令编辑选项

指令编辑选项的功能如下：

● 上行插入：在当前所选指令行的上面插入一行指令。

● 下行插入：在当前所选指令行的下面插入一行指令。

● 替换位置：在工业机器人末端的当前位置存入当前指令。在讲解程序示教时会用到此选项。

● 修改位置：修改当前指令中的坐标值。在讲解坐标修改方法时会用到此选项。

● 删除：删除当前所选的指令行，一次只能删除一行指令。

● 复制：复制当前所选的指令行，一次只能复制一行指令。

● 剪切：剪切当前所选的指令行，一次只能剪切一行指令。

● 粘粘：将所复制或剪切的指令行粘贴在当前所选指令行的下面。

● 编辑本行：点击此选项时，进入当前指令行编辑界面，与点击或短按当前程序行的效果一样。

● 返回：关闭指令编辑选项。

五、打开程序

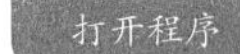

①点击“示教界面”（见图 2-34）下方的“打开程序”按钮，进入图 2-35 所示的程序选择界面，在此界面中列出了所有保存于示教器中的程序。

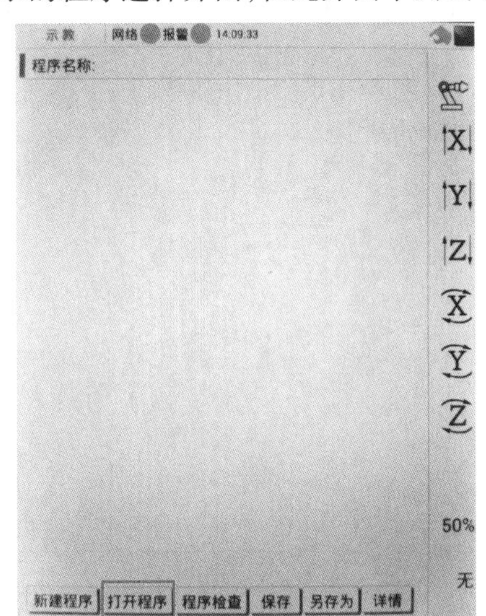

图 2-34　示教界面

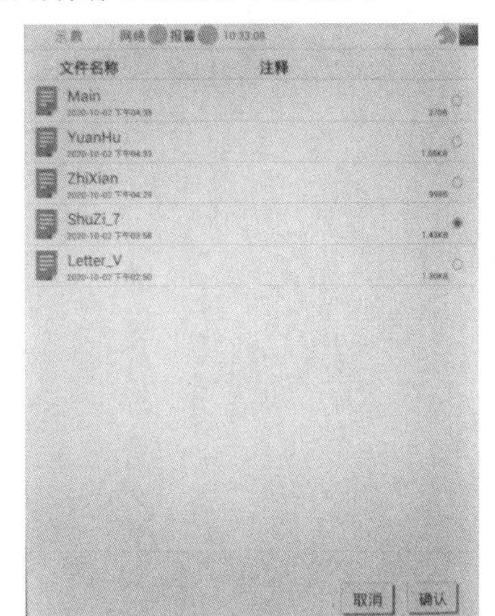

图 2-35　程序选择界面

②选中要打开的程序，并点击右下角的“确认”按钮，示教界面中将显示所选择的程序内容，如图 2-36 所示。

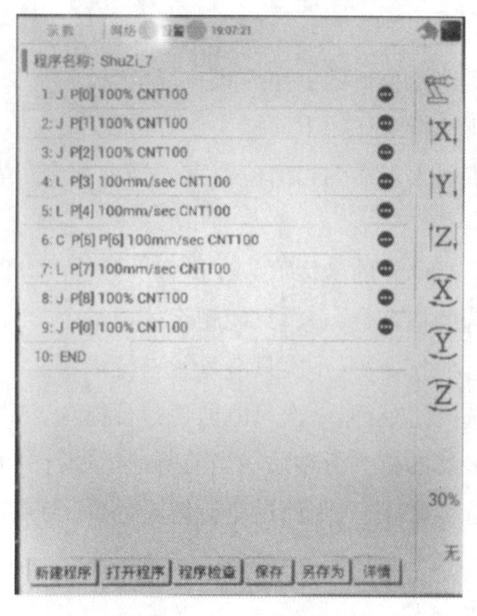

图 2-36　打开选择的程序

加载程序

六、加载程序

在对程序进行试运行和自动运行时，需要在自动界面加载程序。

- 自动加载：点击示教界面左上角的"示教"按钮，在弹出的菜单中选择"自动"选项，如图 2-37 所示；示教器自动加载当前编程的程序，如图 2-38 所示。

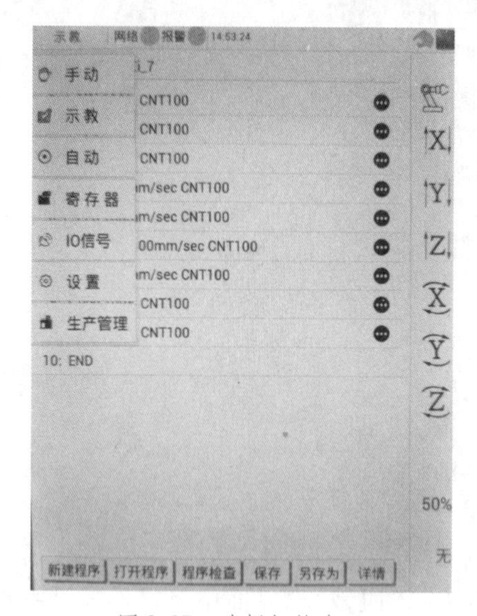

图 2-37　选择切换窗口

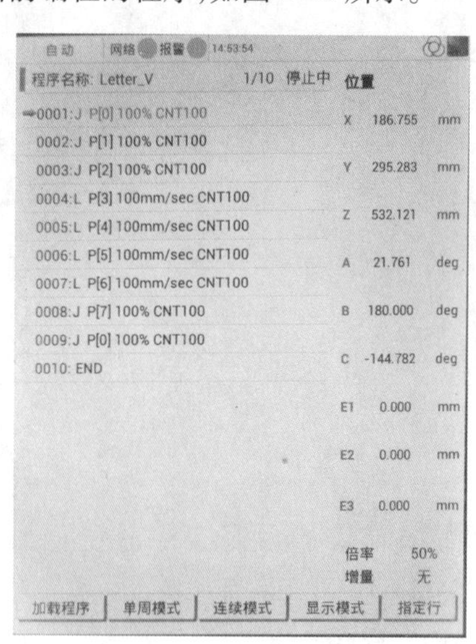

图 2-38　自动加载当前编辑的程序

> **友情提示**
>
> 进入自动界面后，示教器会自动加载示教界面中正在编辑的程序，如果自动加载的程序正是需要运行的程序，则不需要重新加载；如果需要加载其他程序时，还需要手动选择。

• 手动加载:点击示教界面左下角的“加载程序”按钮,进入程序选择界面,如图 2-39 所示,在程序列表中选择需要的程序,并点击右下角的“确认”按钮,选中的程序将被加载,如图 2-40 所示。

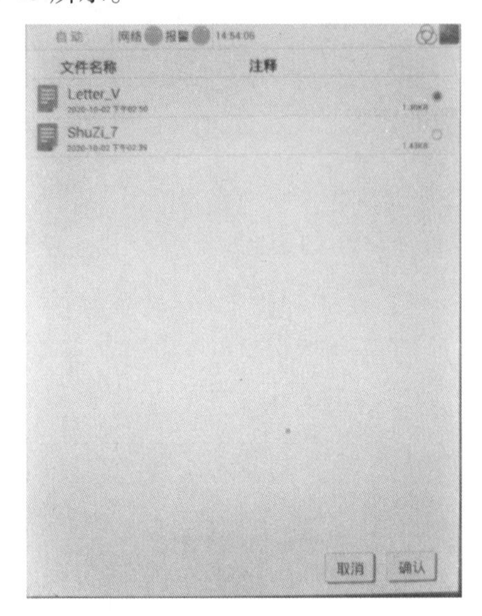

图 2-39　选择程序

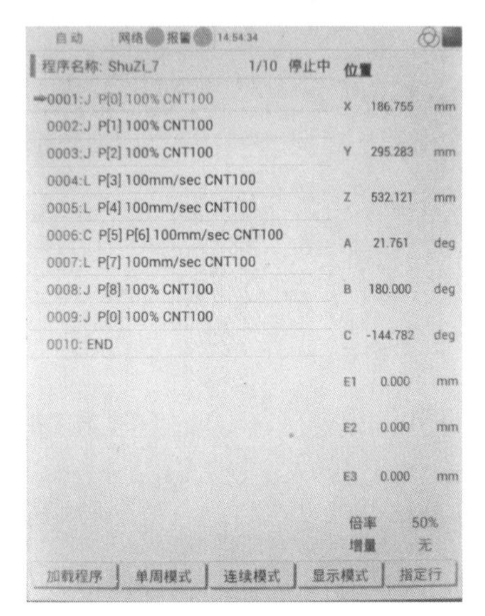

图 2-40　加载选择的程序

> 友情提示
>
> 操作者务必注意,在自动界面中,如果按下示教器左边的启动按钮,工业机器人会执行当前程序。所以,此时一定要规范操作,以免发生碰撞,造成人身伤害及财产损失。

▶任务练习

工业机器人处于参考点 P0,选用合适的运动指令完成直线运动轨迹(见图 2-41)的程序编写,程序名为“ZhiXian”,并把程序输入示教器。

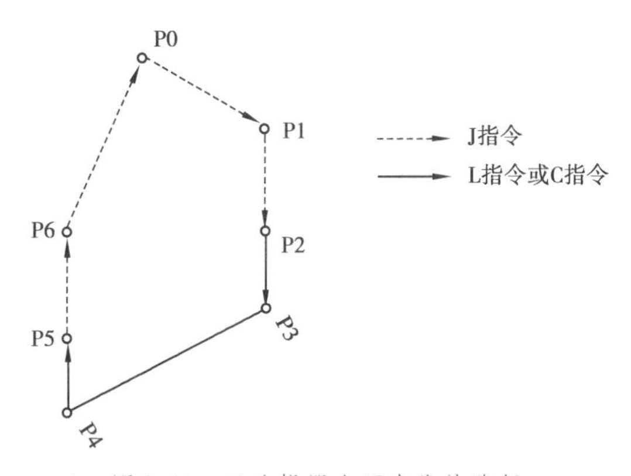

图 2-41　工业机器人画直线的路径

序号	运动指令	指令解释
1	J P[0] 100% CNT100	工业机器人从当前位置回到参考点P[0]开始运行程序
2		
3		
4		
5		
6		
7		
8		
9		
10	END	程序结束标志

▶任务评价

完成本任务的学习后,教师根据课堂表现、习题练习等情况对学生的学习过程和结果进行评价。

序号	评价要点	得分			
1	行为习惯符合课堂纪律与要求	□优	□良	□中	□差
2	学习资料准备齐全	□优	□良	□中	□差
3	熟悉运动指令各组成部分的含义	□优	□良	□中	□差
4	能选用运动指令完成程序的编写	□优	□良	□中	□差
5	学习效果	□优	□良	□中	□差

▶任务小结

请学生小结本次任务过程中的收获与存在的问题,并提出改进计划,写入下表。

收获	存在的问题	改进计划

任务二　单个轨迹示教编程

▶任务描述

本任务通过绘制数字“7”的轨迹，让学生了解工业机器人的工作流程，初步认识任务规划、运动规划等的基本步骤及方法。通过优化程序，使工业机器人的运动路径更合理，让学生进一步掌握运动指令的运用。

▶任务准备

准备名称	准备内容	负责人	完成情况
实训工具	工业机器人实训平台、水性笔		
学习资料	教材、任务书、笔记本、练习本、笔		

▶知识准备

工业机器人的工作流程

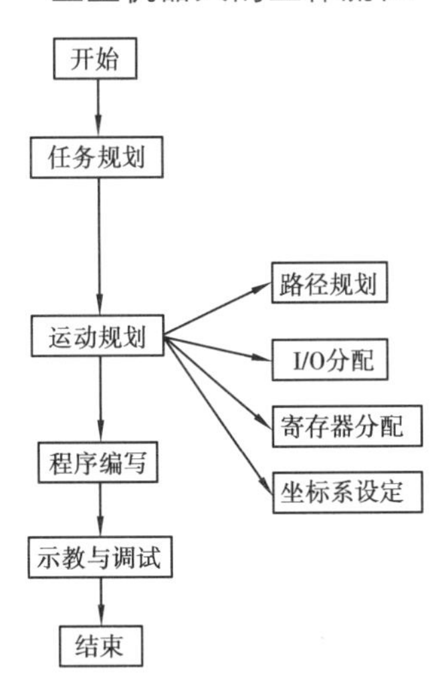

图 2-42　工业机器人工作流程

使用工业机器人完成一个工作任务时，为了使编写的程序更合理、易读，方便后期调试与维护，在编程前要仔细分析整个任务的流程与特点，如图 2-42 所示。

任务规划：对于复杂的工作任务，可以把整个任务分为几个子任务，再对每个子任务进行运动规划、程序编辑以及示教与调试。

运动规划：对工业机器人完成一个任务（子任务）的路径点、位置变量、寄存器、I/O 等进行提前规划、合理安排。

程序编写：对程序进行结构设计并编写完整内容。程序编写与任务规划、运动规划密切相关。所编写的程序要方便他人阅读和调试。

示教与调试：根据任务要求完成相应工具（设备）的安装，录入程序，对相应的路径点进行示教操作。在自动运行程序前，要根据调试步骤与要求，逐步完成程序的调试，以免发生事故。

▶任务实施

一、任务规划

在任务规划时，简单的任务可以不进行任务分解。图 2-43 所示的图形为数字“7”，一笔即可画完，所以不需要进行任务分解，直接进行运动规

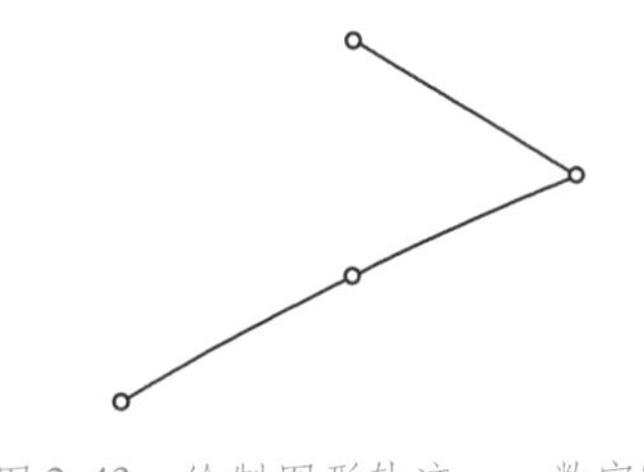

图 2-43　绘制图形轨迹——数字“7”

划即可。

二、运动规划

工业机器人的动作可分解为“接近轨迹”“沿轨迹运动”“离开轨迹”3 个动作。接近轨迹时设定安全点(高度 150 mm)、接近点(高度 50 mm),离开时设定回退点(高度 50 mm)、安全点(高度 150 mm),执行程序时工业机器人先回到参考点,任务完成后再回到参考点。运动规划如图2-44所示。

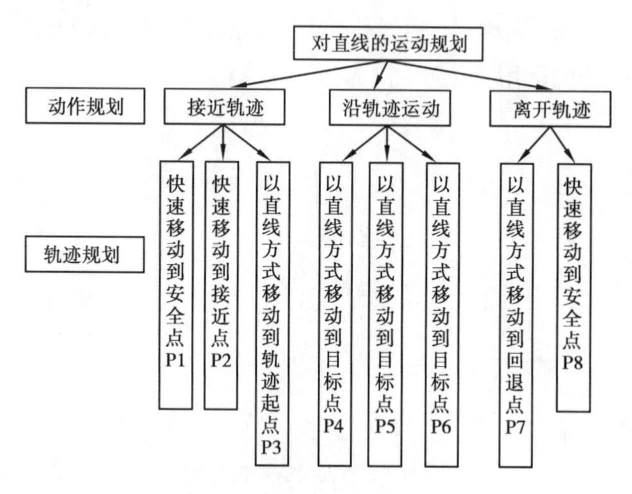

图 2-44　运动规划

参照工业机器人的基坐标方向绘制出坐标系,并用虚线箭头和实线箭头绘制出工业机器人的运动路径,虚线箭头表示工业机器人用关节定位做快速运动,实线箭头表示工业机器人以直线定位或圆弧定位的方式移动,如图 2-45 所示。

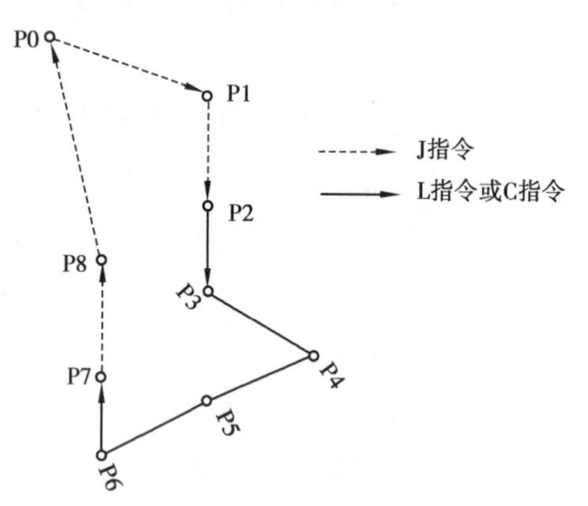

图 2-45　工业机器人写数字“7”的路径

三、程序编写

根据运动规划时所拟定的路径,选用合适的运动指令完成程序的编写,程序名为“ShuZi_7”,具体内容见表 2-2。

表 2-2　程序内容

序号	运动指令	指令解释
1	J P[0] 100% CNT100	工业机器人从当前位置回到参考点 P0 开始运行程序
2	J P[1] 100% CNT100	快速移动至安全点 P1
3	J P[2] 100% CNT100	快速移动至接近点 P2
4	L P[3] 100mm/s CNT100	以直线方式进给至轨迹起始点 P3
5	L P[4] 100mm/s CNT100	以直线方式进给至路径点 P4
6	C P[5]P[6] 100mm/s CNT100	以圆弧进给的方式经过路径点 P5，到达路径点 P6
7	L P[7] 100mm/s CNT100	以直线方式进给至回退点 P7
8	J P[8] 100% CNT100	快速移动至安全点 P8
9	J P[0] 100% CNT100	快速回到参考点 P0
10	END	程序结束标志

四、示教与调试

1. 示教前的准备

示教前的准备

①安装好工具。将图纸放置在工作台上，并用强力磁铁固定位置，如图 2-46 所示。注意：放置图纸时注意图纸上标注的坐标方向应与工业机器人基坐标方向一致。

②检查连接示教器与控制柜的通信电缆是否有缠绕，如图 2-47 所示。

③删除示教器中与任务无关的程序，如图 2-48 所示。

④选择工具 0 和工件 0，如图 2-49 所示。

图 2-46　放置图纸

图 2-47　检查通信线缆

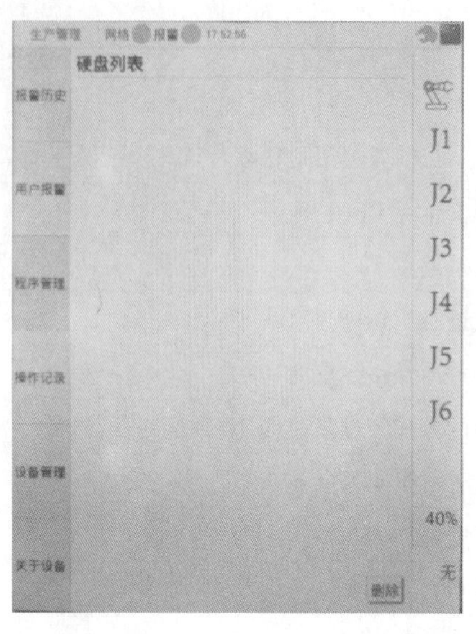

图 2-48　清空程序

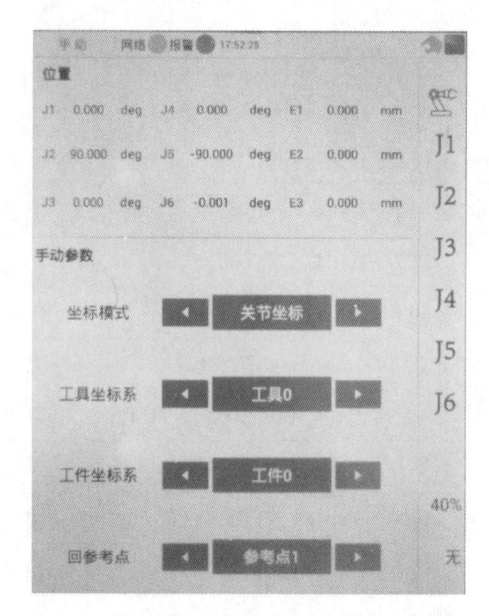

图 2-49　选择坐标系模式

2. 程序输入

按照前面学过的程序输入方法，输入程序并保存，如图 2-50 所示。

输入示教的程序

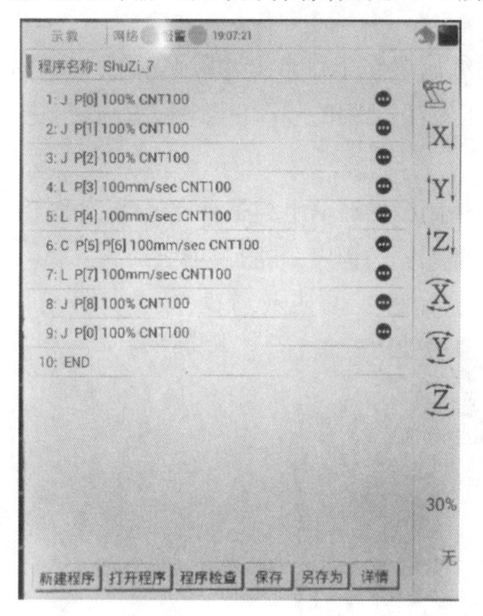

图 2-50　输入轨迹程序

3. 路径点示教

友情提示

在进行路径点示教时，各点的示教顺序不必按路径点的编号依次示教，只要把所有的路径点都进行示教即可。在一个程序里如果有相同编号的示教点，这些点只需示教一次。在第 1 行对 P0 点完成示教后，不需要在第 9 行再次对 P0 点进行示教。

(1)示教点 P0

将工业机器人移动至参考点 P0,如图 2-51 所示,在示教界面点击第一行语句最右边的“●”按钮,在弹出的界面中选择“替换位置”选项。此时弹出如图 2-52 所示的提示框“是否将 P[0]替换为工业机器人当前位置?”,确认无误后点击“确认”按钮,再点击示教界面下方的“保存”按钮。工业机器人将当前位置的坐标存入位置变量 P[0],同时,第 9 行不用再去示教。

图 2-51　工业机器人参考点

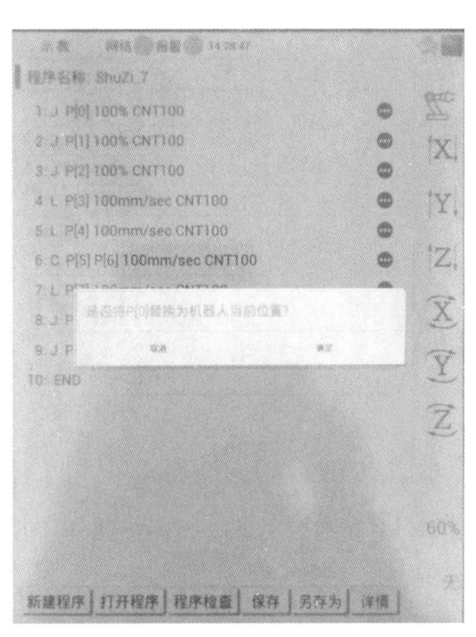

图 2-52　示教点 P0

(2)示教点 P3

先在关节坐标模式下调节好工业机器人的姿态,如图 2-53 所示。将坐标模式切换为基坐标模式,将工业机器人移动至路径点 P3,笔尖与纸面轻轻接触即可,如图 2-54 所示。

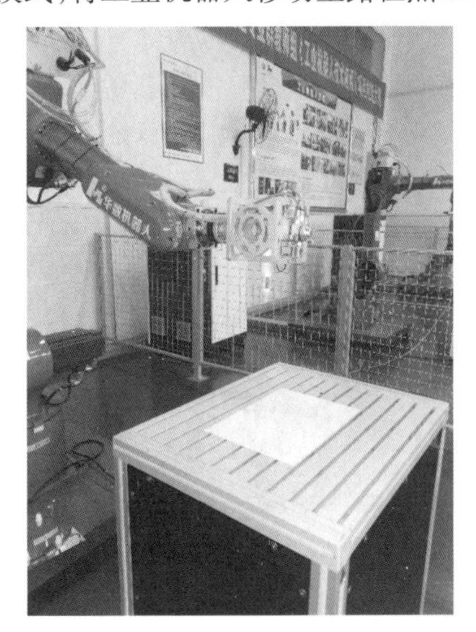

图 2-53　准备姿态调节

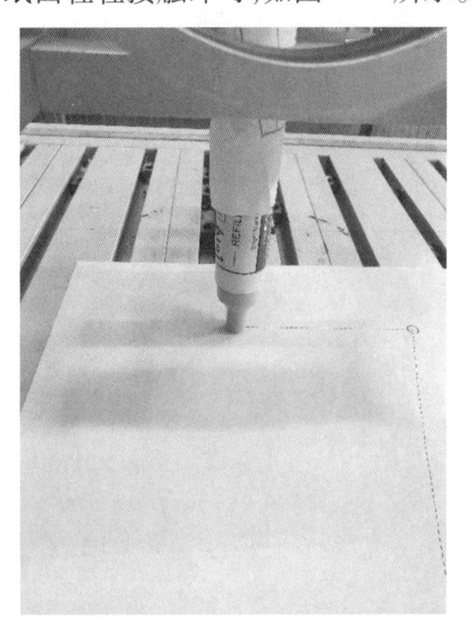

图 2-54　移动机器至起点 P3

在示教界面点击第 4 行语句最右边的“●”按钮,在弹出的界面中选择“替换位置”选项。此时弹出如图 2-55 所示的提示框“是否将 P[3]替换为工业机器人当前位置?”,确认无误后点击“确认”按钮,再点击示教界面下方的“保存”按钮,P3 点示教完成。

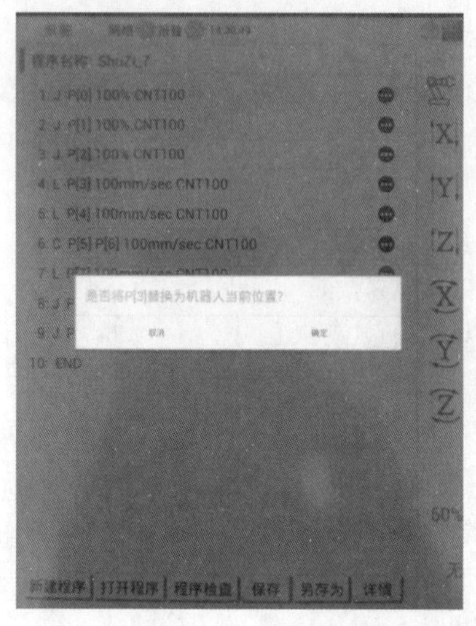

图 2-55　示教点 P3

(3)示教点 P2

将工业机器人向上抬起约 50 mm(向 Z 的正方向移动),此点为 P2 点位置,如图 2-56 所示。

在示教界面点击第 3 行语句最右边的“●”按钮,在弹出的界面中选择“替换位置”选项。此时弹出如图 2-57 所示的提示框“是否将 P[2]替换为工业机器人当前位置?”,确认无误后点击“确认”按钮,再点击示教界面下方的“保存”按钮,P2 点示教完成。

图 2-56　移动至接近点 P2

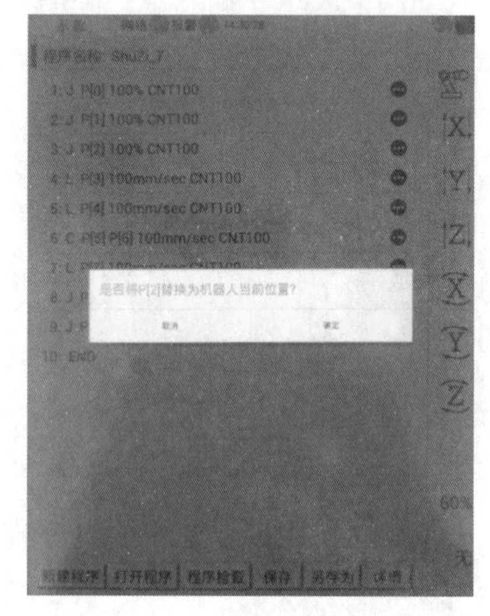

图 2-57　示教点 P2

(4)示教点 P1

将机器人向上抬起,距离纸面约 150 mm(向 Z 的正方向移动),此点为 P1 点位置,如图 2-58 所示。

在示教界面点击第 2 行语句最右边的“●”按钮，在弹出的界面中选择“替换位置”选项。此时弹出如图 2-59 所示的提示框“是否将 P[1]替换为机器人当前位置?”，确认无误后点击“确认”按钮，再点击示教界面下方的“保存”按钮，P1 点示教完成。

图 2-58　移动至安全点 P1

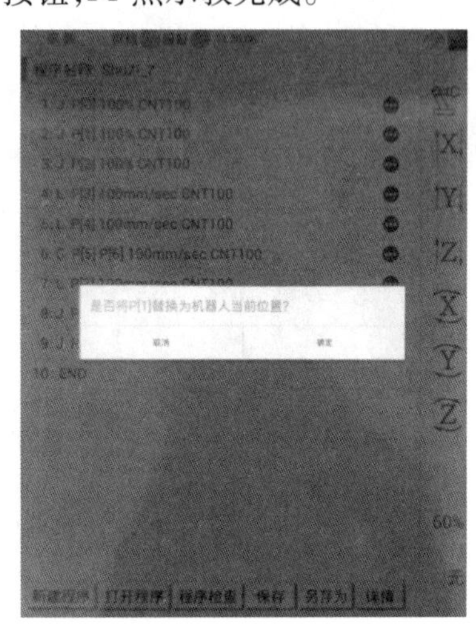

图 2-59　示教点 P1

(5)示教点 P4

将工业机器人移动至路径点 P4，笔尖与纸面轻轻接触即可，如图 2-60 所示。

在示教界面点击第 5 行语句最右边的“●”按钮，在弹出的界面中选择“替换位置”选项。此时弹出如图 2-61 所示的提示框“是否将 P[4]替换为机器人当前位置?”，确认无误后点击“确认”按钮，再点击示教界面下方的“保存”按钮，P4 点示教完成。

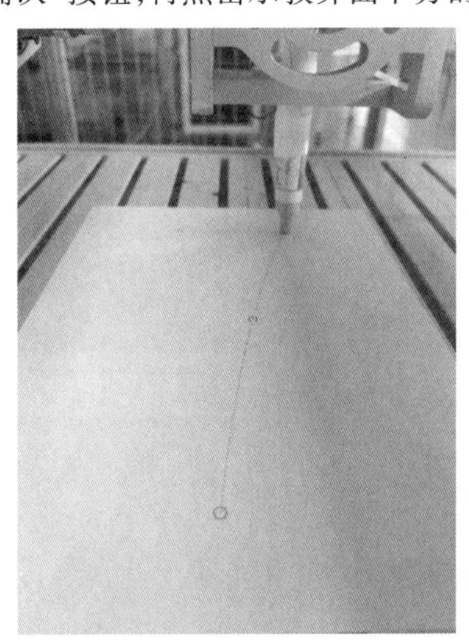
图 2-60　移动至圆弧起点 P4

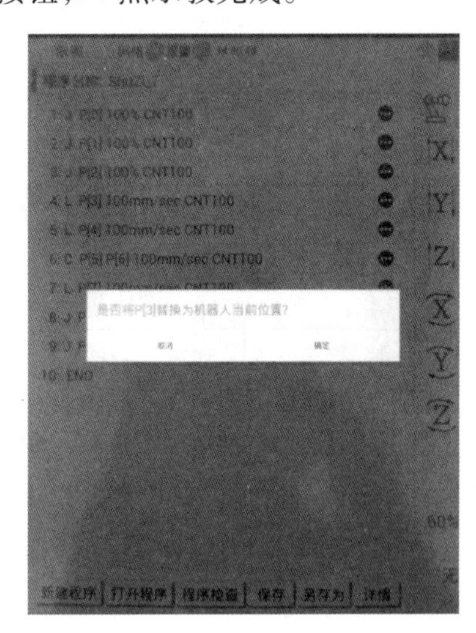

图 2-61　示教点 P4

(6)示教点 P5

将机器人抬起离开纸面，再移动至路径点 P5，笔尖与纸面轻轻接触即可，如图 2-62 所示。

在示教界面点击第6行语句最右边的“●”按钮，在弹出的界面中选择“替换位置”选项。因为C指令有两个点，此时弹出路径点选择对话框，选择P5点，如图2-63所示。弹出如图2-64所示的提示框“是否将P[5]替换为机器人当前位置?”，确认无误后点击“确认”按钮，再点击示教界面下方的“保存”按钮，P5点示教完成。

图2-62　移动至圆弧点P5

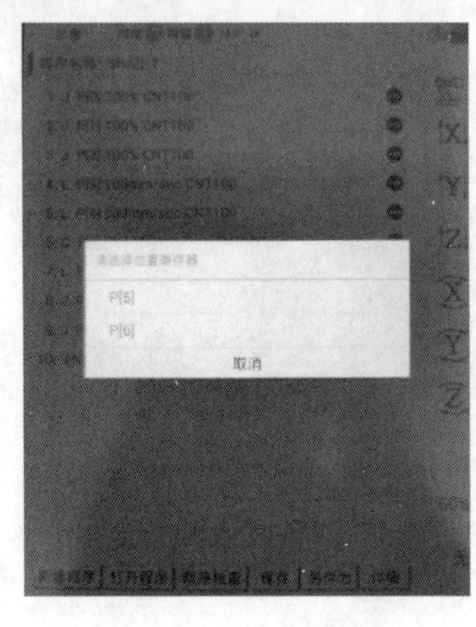

图2-63　位置变量选择

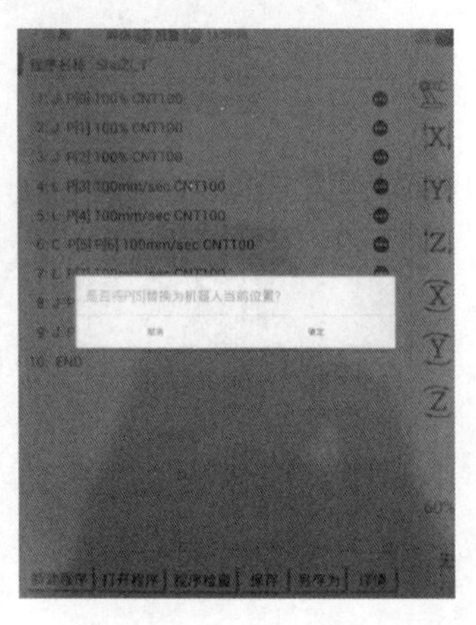

图2-64　选择P5点并示教

(7)示教点P6

将机器人抬起离开纸面，再移动至路径点P5，笔尖与纸面轻轻接触即可，如图2-65所示。

在示教界面点击第6行语句最右边的“●”按钮，在弹出的界面中选择“替换位置”选项。因为C指令有两个点，此时弹出路径点选择对话框，选择P6点，如图2-66所示。弹出如图2-67所示的提示框“是否将P[6]替换为机器人当前位置?”，确认无误后点击“确认”按钮，再点击示教界面下方的“保存”按钮，P6点示教完成。

图2-65　移动至圆弧终点P6

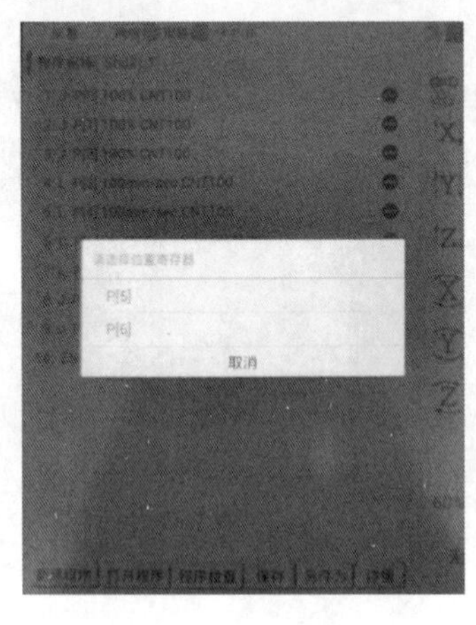

图2-66　位置变量选择

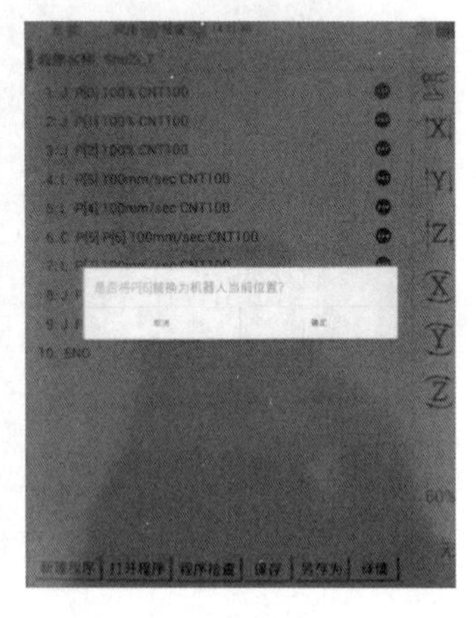

图2-67　选择P6点并示教

(8)示教点P7

将机器人向上抬起约50 mm(向Z的正方向移动)，此点为P7点位置，如图2-68所示。

在示教界面点击第7行语句最右边的“●”按钮，在弹出的界面中选择“替换位置”选项。此时弹出如图2-69所示的提示框“是否将P[7]替换为机器人当前位置?”，确认无误后点击“确认”按钮，再点击示教界面下方的“保存”按钮，P7 点示教完成。

图 2-68　移动至回退点 P7

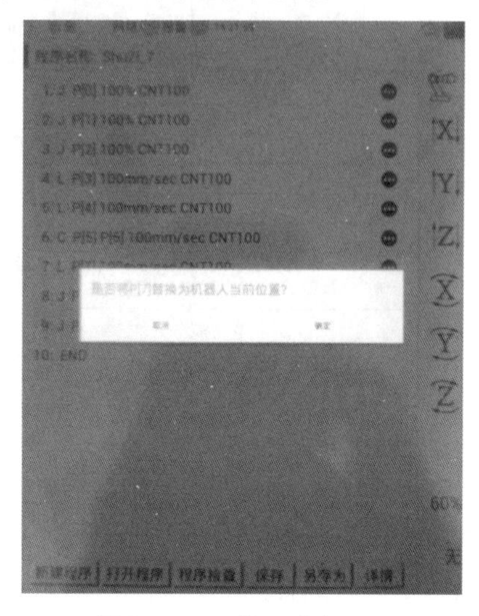

图 2-69　示教回退点 P7

(9)示教点 P8

将机器人向上抬起约 150 mm(向 Z 的正方向移动)，此点为 P8 点位置，如图 2-70 所示。

在示教界面点击第 8 行语句最右边的“●”按钮，在弹出的界面中选择“替换位置”选项。此时弹出如图 2-71 所示的提示框“是否将 P[8]替换为机器人当前位置?”，确认无误后点击“确认”按钮，再点击示教界面下方的“保存”按钮，P8 点示教完成。

图 2-70　移动至安全点 P8

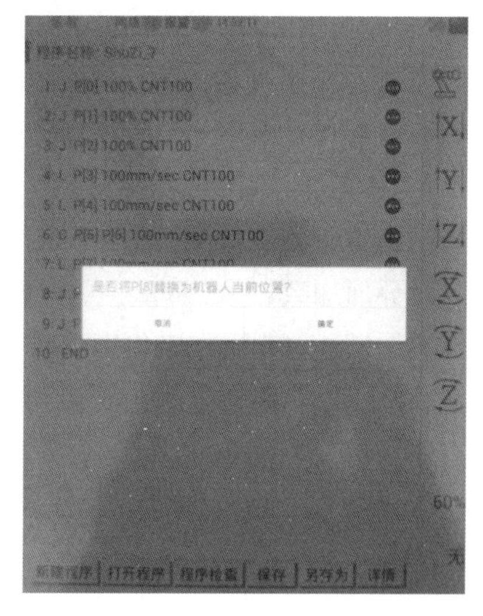

图 2-71　示教安全点 P8

4. 程序调试与运行

在调试程序前要先选择好运行模式和自动运行倍率，以免导致事故发生。运行模式的组合共有 4 种，如图 2-72 所示。

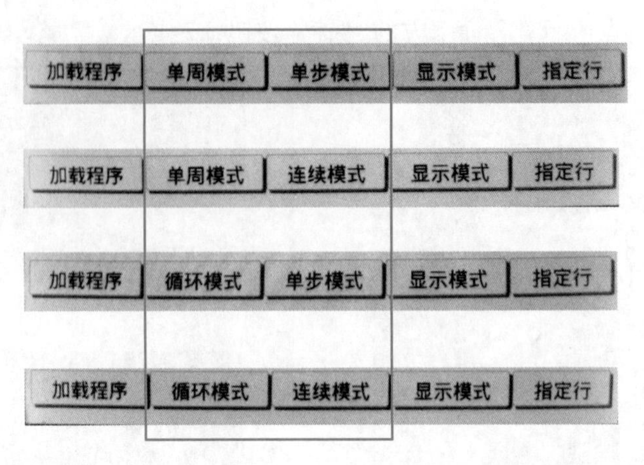

图 2-72　运行模式组合方式

单周模式：在自动模式下程序只运行一次，即从第一行运行至最后一行后停止。

循环模式：在自动模式下程序重复运行，直到按下停止按钮。

单步模式：无论是在“单周模式”，还是在“循环模式”，按一次示教器上的运行键，机器人仅执行一行程序。

连续模式：在“单周模式”下按一次示教器上的运行键，机器人从程序的第 1 行运行至程序的最后一行。在“循环模式”下按一下示教器上的运行键，机器人从程序的第 1 行运行至程序的最后一行后返回至第一行再次往下执行，直到按下停止按钮。

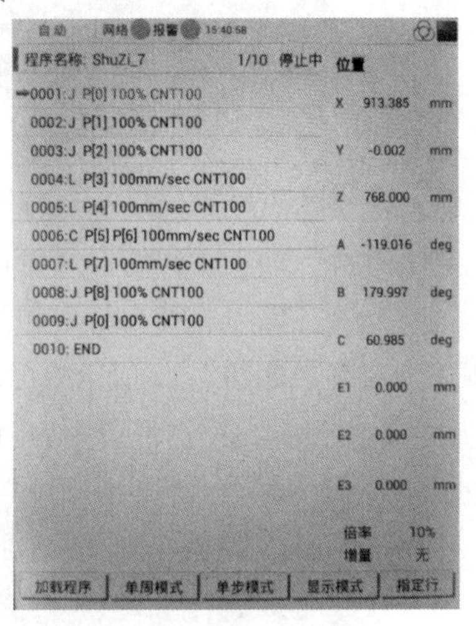

图 2-73　加载程序

程序调试的步骤如下：

①在自动界面加载名为“ShuZi_7”的程序，如图 2-73 所示。

②选择单周模式、单步模式、倍率 10%（倍率可根据个人技能的熟练程度和机器人离目标点的距离调整），按下启动按钮，观察程序的运行状态。

程序调试与运行

友情提示

运行程序时，左手拇指按示教器上的运行键，右手以准备按下紧急停止开关的姿势握在示教器的右上角，眼睛注意观察机器人的运行轨迹，如图 2-74 所示。当机器人的运行轨迹与示教的预订轨迹不一致时，应立即按下停止键，或按下紧急停止开关。仔细检查程序，并对导致运行错误的路径点重新示教后方可再次运行程序。

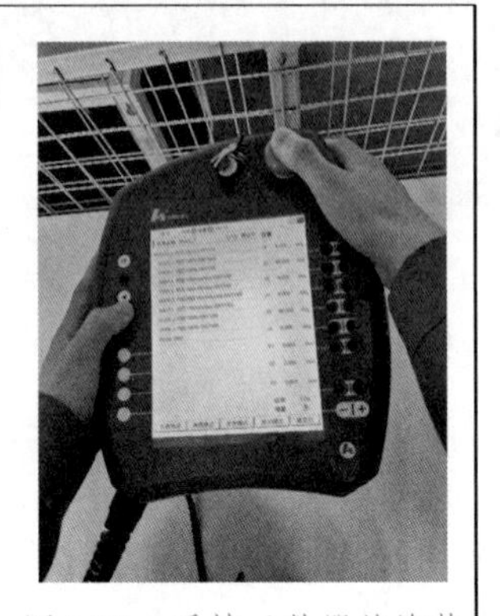

图 2-74　手持示数器的姿势

③选择单周模式、连续模式、倍率30%，按下启动按钮，观察程序的运行状态。

> 友情提示
>
> 经过第一次调试后，程序应该没有大的问题，旨在进一步确认机器的运行轨迹，若发现有设置不合理的路径点，应即时调整。

④选择循环模式、连续模式、倍率50%，按下启动按钮，观察程序的运行状态。

⑤在循环模式、连续模式下，把自动运行倍率逐步增加至100%。如果机器人运行正常，表示调试完成。

▶任务练习

(1)完成图2-75所示图形的路径绘制、路径点编号，再进行程序的编写、示教与调试。

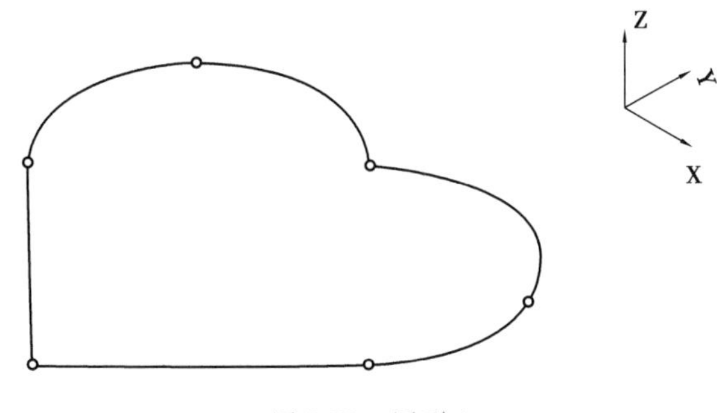

图2-75　图形1

程序名称		
序号	运动指令	指令解释
1		
2		
3		
4		
5		
6		
7		
8		
9		
10		
11		
12		

（2）完成图 2-76 所示图形的路径绘制、路径点编号，再进行程序的编写、示教与调试。

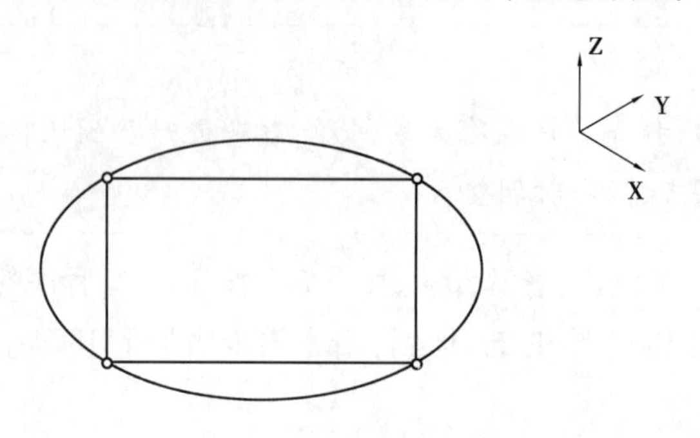

图 2-76　图形 2

程序名称		
序号	运动指令	指令解释
1		
2		
3		
4		
5		
6		
7		
8		
9		
10		
11		
12		
13		
14		

（3）完成图 2-77 所示图形的路径绘制、路径点编号，再进行程序的编写、示教与调试。

图 2-77　图形 3

程序名称		
序号	运动指令	指令解释
1		
2		
3		
4		
5		
6		
7		
8		
9		
10		
11		

（4）完成图 2-78 所示图形的路径绘制、路径点编号，再进行程序的编写、示教与调试。

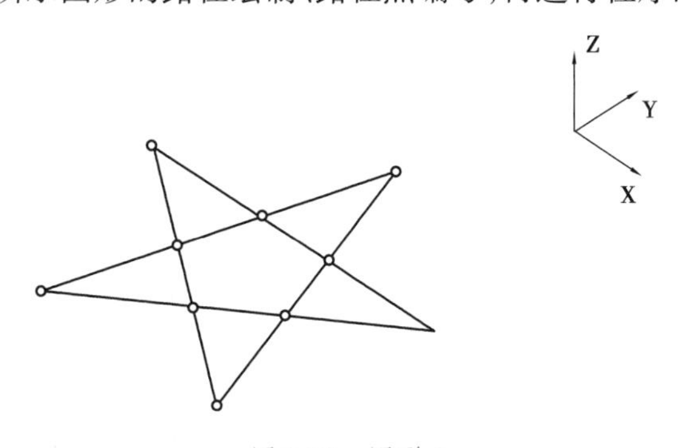

图 2-78　图形 4

程序名称		
序号	运动指令	指令解释
1		
2		
3		
4		
5		
6		
7		
8		
9		

续表

序号	运动指令	指令解释
10		
11		
12		
13		

▶任务评价

完成本任务的学习后，教师根据课堂表现、习题练习等情况对学生的学习过程和结果进行评价。

序号	评价要点	得分			
1	行为习惯符合课堂纪律与要求	□优	□良	□中	□差
2	学习资料准备齐全	□优	□良	□中	□差
3	能正确完成轨迹的路径规划	□优	□良	□中	□差
4	能正确编写轨迹程序	□优	□良	□中	□差
5	能在规定时间内完成程序的编写、调试与运行	□优	□良	□中	□差
6	学习效果	□优	□良	□中	□差

▶任务小结

请学生小结本次任务过程中的收获与存在的问题，并提出改进计划，写入下表。

收获	存在的问题	改进计划

▶技能提高

程序优化

把本任务中已调试完成的程序另存为“ShuZi_7_1”，并修改为表 2-3 所示的内容。然后在循环模式、连续模式下以 100% 的速度加载运行。很容易观察到在各路径点处有明显的停顿，这样的程序虽然可以完成任务，但是并不合理，一般来讲，机器人的运行轨迹应是流畅的，特别是在高速运行时，流畅的路径才能减少机械连接部位的冲击，体现机器运动的美学。怎样才能做到呢？只要选用合适的终止类型，就会让机器人的路径更流畅、美观。优化后的程序见表 2-4。

表 2-3　优化前的程序

	ShuZi_7_1
1	J P[0] 100% FINE
2	J P[1] 100% FINE
3	J P[2] 100% FINE
4	L P[3] 100mm/s FINE
5	L P[4] 100mm/s FINE
6	C P[5]P[6] 100mm/s FINE
7	L P[7] 100mm/s FINE
8	J P[8] 100% FINE
9	J P[0] 100% FINE
10	END

表 2-4　优化后的程序

	ShuZi_7
1	J P[0] 100% CNT100
2	J P[1] 100% CNT100
3	J P[2] 100% CNT100
4	L P[3] 100mm/s FINE
5	L P[4] 100mm/s FINE
6	C P[5]P[6] 100mm/s FINE
7	L P[7] 100mm/s CNT100
8	J P[8] 100% CNT100
9	J P[0] 100% CNT100
10	END

终止类型指定了相邻轨迹间的过渡(连接)形式，主要有两种形式:FINE 和 CNT。

- FINE:相当于准确停止。

如果某行程序的终止方式为 FINE，机器人在执行此行指令时，要准确到达该行指令所记录的坐标点，才会向下一行指令所记录的位置坐标点移动。运行时的速度越快，停顿现象就越明显。

- CNT:相当于圆弧过渡。

CNT 后的数值可以理解为过渡半径，该数值的取值范围为 0 ~ 100。数值越大，运行倍率越大，运行时的过渡半径就越大，CNT0 等价于 FINE。如果某行指令的终止方式是 CNT100，可以这样理解:当机器人经过该点时，其轨迹被半径为 100 且与连接该点的前后两条轨迹相切的圆弧所替代。

选择 FINE 和 CNT 的条件如下:

选择 FINE 的条件:机器人需要准确到达某一点，且该点不是前后两条轨迹的切点，此时应该选择 FINE。

选择 CNT 的条件:有两种情况，一种是用以约束轨迹的空间点，如参考点、安全点、接近点、回退点，如图 2-79 所示。

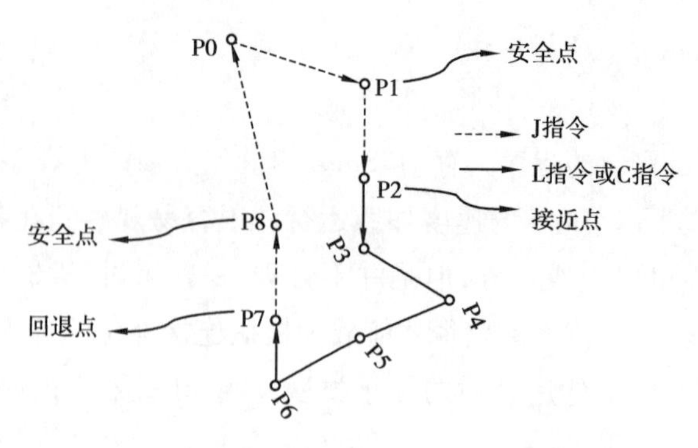

图 2-79　约束轨迹的空间点

另一种是某点为前后两条轨迹连接的切点。如图 2-80 所示，两个圆弧在位置点 P5 处连接，该点为切点，所以终止方式应为 CNT，编程时用默认值 CNT100 即可。如图 2-81 所示，直线和圆弧在位置点 P4 处连接，该点为直线和圆弧的切点，所以终止方式应为 CNT，编程时用默认值 CNT100 即可。

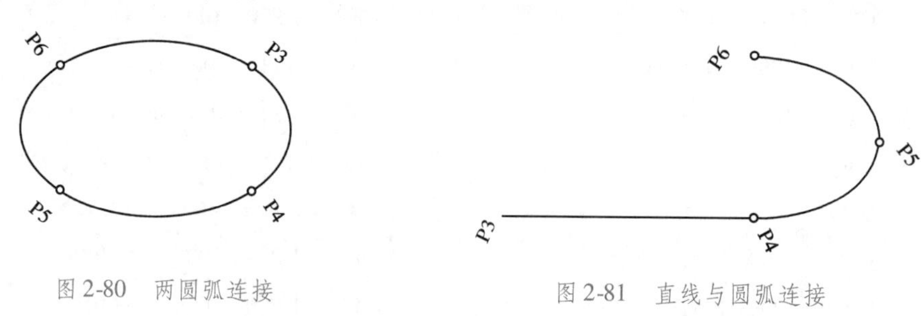

图 2-80　两圆弧连接　　　图 2-81　直线与圆弧连接

任务三　多个轨迹示教编程

▶任务描述

本任务将通过绘制开机符号，让学生学习任务的分解，学会使用主程序与子程序的方法完成轨迹程序的编写。

▶任务准备

准备名称	准备内容	负责人	完成情况
实训工具	工业机器人实训平台、水性笔		
学习资料	教材、任务书、笔记本、练习本、笔		

▶知识准备

子程序调用指令

当遇到复杂的任务时，若只写一个程序去完成任务，这个程序会很长，给程序的编辑、调试带来许多不便。这时，如果能把任务分步或分类拆分成多个子任务，每个子任务对应一个程序，不仅能缩短程序的长度，后期在编辑和调试时也会方便许多。这时就会需要使用子程序调用指令。

子程序调用指令将程序控制转移到另一个程序（子程序）的第一行，并执行子程序。当子程序执行到程序结束指令（END）时，返回到主程序中的子程序调用指令的下一条指令，继续向后执行。

子程序调用指令的格式如下：

CALL 子程序名　调用次数

例1：调用子程序（Sub）两次。

CALL Sub 2

例2：主程序（Main）调用子程序（Sub）一次。

```
Main
1. J P[0] 100% CNT100
2. CALL Sub 1
3. J P[0] 100% CNT100
4. END
```

```
Sub
1. J P[1] 100% FINE
2. J P[2] 100% FINE
3. END
```

当程序执行到主程序（Main）的第二行时立即调用子程序（Sub），并从子程序的第一行开始往下执行。当执行到子程序的结束指令（END）时，返回到主程序，并从主程序的第三行开始往下执行。

子程序的调用次数通常为一次（默认值），即子程序只执行一次。使用时应当根据现场任务需求来决定子程序的调用次数。

▶任务实施

一、任务规划

本任务要绘制的图形（见图2-82）可以拆分成直线和圆弧两个图形，如图2-83所示。绘制直线轨迹为一个子任务，绘制圆弧轨迹为另一个子任务。每个子任务编写一个子程序，不仅缩短了程序长度，而且方便阅读和调试。

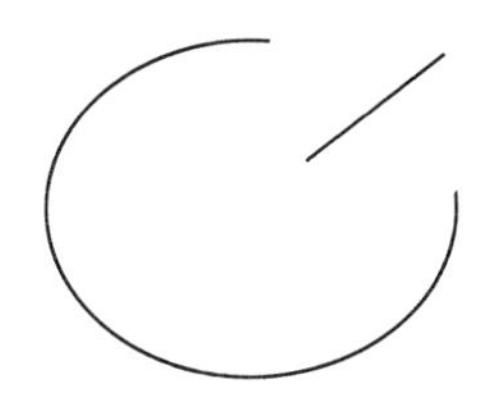

图2-82　绘制的图形

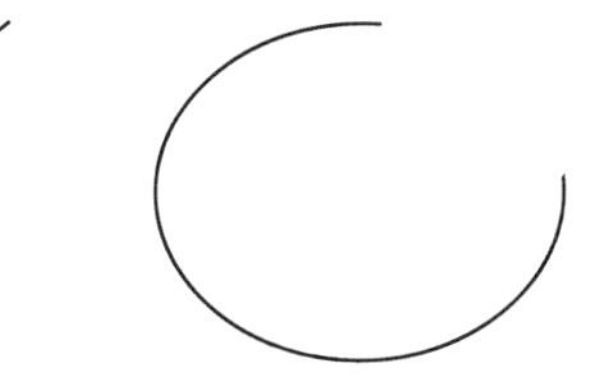

图2-83　任务分解

程序开始执行时，机器人先回到参考点，调用直线轨迹的子程序，直线轨迹运行完毕后，紧接着调用圆弧轨迹的子程序，圆弧轨迹运行完毕后，机器人回到参考点，整个程序执行完，主程序流程图和内容如图2-84和图2-85所示。

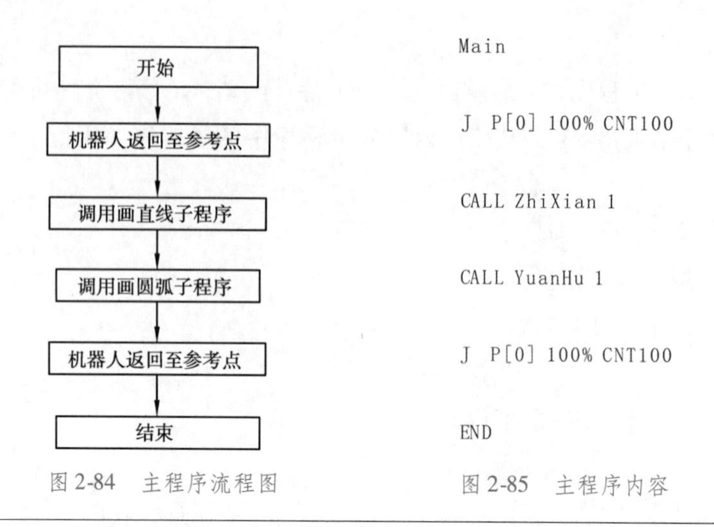

图 2-84　主程序流程图　　图 2-85　主程序内容

> 友情提示
>
> 流程图形象直观,各项操作和步骤一目了然,便于理解,出错时也容易发现,并且可以根据流程图快速写出对应的程序。从本任务起,本书将越来越多地用到流程图。

二、运动规划

1. 直线轨迹运动规划

对于直线轨迹,机器人的动作可分解为“接近轨迹”“沿轨迹运动”“离开轨迹”3 个动作,如图 2-86 所示。

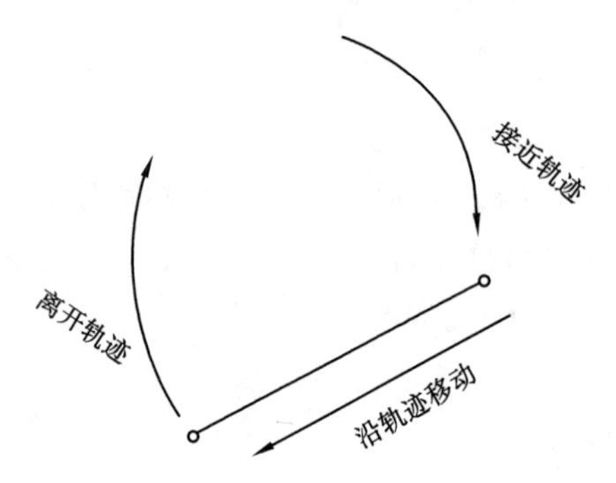

图 2-86　直线运动路径规划

接近轨迹时设定安全点(高度 150 mm)、接近点(高度 50 mm),离开时设定回退点(高度 50 mm)、安全点(高度 150 mm),执行程序时机器人先快速移动至安全点,再快速移动至接近点,最后到达轨迹起点开始绘制图形。图形绘制完成到达终点后,机器人经过返回点到达安全点。

用虚线箭头(J 指令)和实线箭头(L 指令或 C 指令)绘制出直线轨迹的运动路径,如图 2-87 所示。

2. 圆弧轨迹运动规划

对于圆弧轨迹,机器人的动作也可分解为“接近轨迹”“沿轨迹运动”“离开轨迹”3 个动作,如图 2-88 所示。

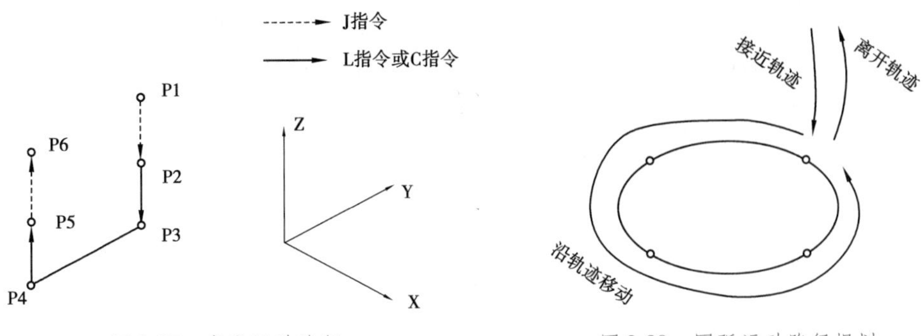

图 2-87　直线运动路径　　　　图 2-88　圆弧运动路径规划

接近轨迹时设定安全点(高度 150 mm)、接近点(高度 50 mm),离开时设定回退点(高度 50 mm)、安全点(高度 150 mm),执行程序时机器人先快速移动至安全点,再快速移动至接近点,最后到达轨迹起点开始绘制图形。图形绘制完成到达终点后,机器人经过返回点到达安全点。

用虚线箭头(J 指令)和实线箭头(L 指令或 C 指令)绘制出圆弧轨迹的运动路径,如图 2-89 所示。

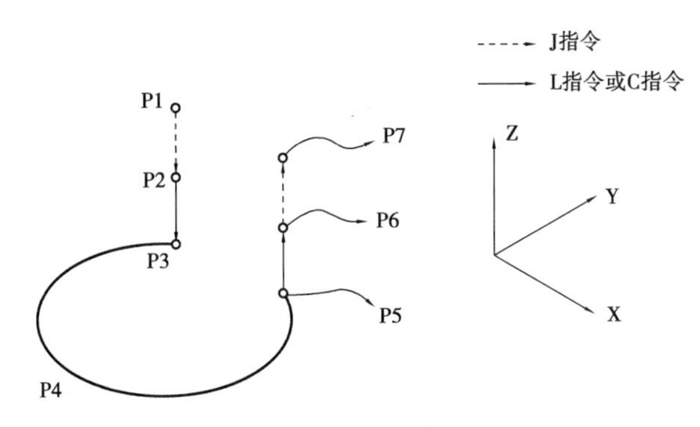

图 2-89　圆弧运动路径

3. 合并运动路径

把直线和圆弧的机器人运动路径合并后如图 2-90 所示。

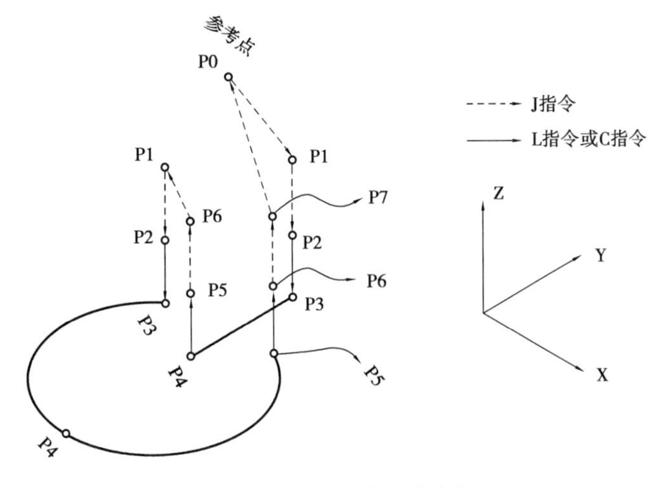

图 2-90　合并后的运动路径

三、程序编写

根据运动规划时所拟定的路径,选用合适的运动指令完成“ZhiXian”程序和“YuanHu”程序的编写,两个程序的内容见表2-5和表2-6。

表2-5 “ZhiXian”子程序

序号	指令	指令释义
1	J P[1] 100% CNT100	快速移动至安全点P1
2	J P[2] 100% CNT100	快速移动至安全点P2
3	L P[3] 100mm/sec FINE	以直线的方式移动至直线起点P3
4	L P[4] 100mm/sec FINE	移动至直线终点P4
5	L P[5] 100mm/sec CNT100	以直线的方式移动至回退点P5
6	J P[6] 100% CNT100	快速移动至安全点P6
7	END	程序结束

表2-6 “YuanHu”子程序

序号	指令	指令释义
1	J P[1] 100% CNT100	快速移动至安全点P1
2	J P[2] 100% CNT100	快速移动至安全点P2
3	L P[3] 100mm/sec FINE	以直线的方式移动至圆弧起点P3
4	C P[4]P[5] 100mm/sec FINE	以圆弧定位的方式经过圆弧点P4,到达圆弧终点P5
5	L P[6] 100mm/sec CNT100	以直线的方式移动至回退点P6
6	J P[7] 100% CNT100	快速移动至安全点P7
7	END	程序结束

友情提示

位置变量P[...]为内部变量,只在某个程序内起作用。本任务中,直线和圆弧的轨迹程序中都有相同的路径点编号P1、P2、P3、P4、P5、P6,但是它们位于不同的子程序中,因此,不会互相影响。

四、示教与调试

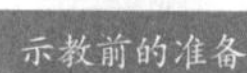

示教前的准备　输入程序

1. 示教前的准备

示教前的准备工作参见本项目任务二中对应部分的内容。

2. 程序输入

建议先输入子程序,最后输入主程序。输入程序有困难时,参见本项目任务一的相关内容。

> 友情提示
>
> 本示教器没有程序的复制功能，对于相似的程序，可以选择“另存为”后修改程序名称，再修改程序内容，从而比较快速地完成程序的输入。

3. 路径点示教

路径点的示教参见本项目任务三中的示教方法与步骤。

4. 程序调试与运行

程序调试的操作步骤参见本项目任务三。只是在本任务中要先调试子程序，再调试主程序。

▶任务练习

（1）完成图 2-91 所示图形的路径绘制、路径点编号，再进行程序编写、示教与调试。

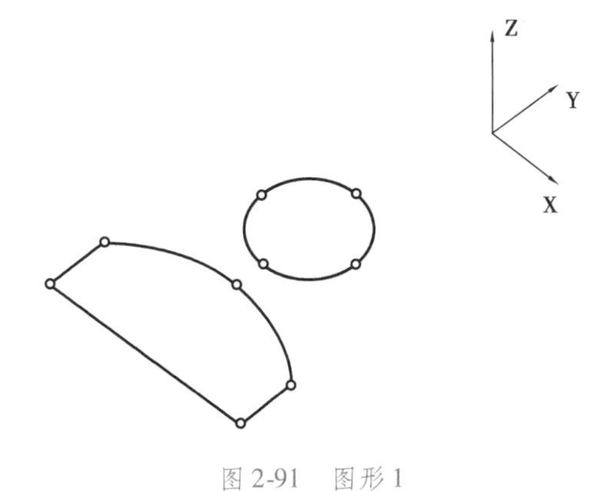

图 2-91　图形 1

(2)完成图2-92所示图形的路径绘制、路径点编号,再进行程序编写、示教与调试。

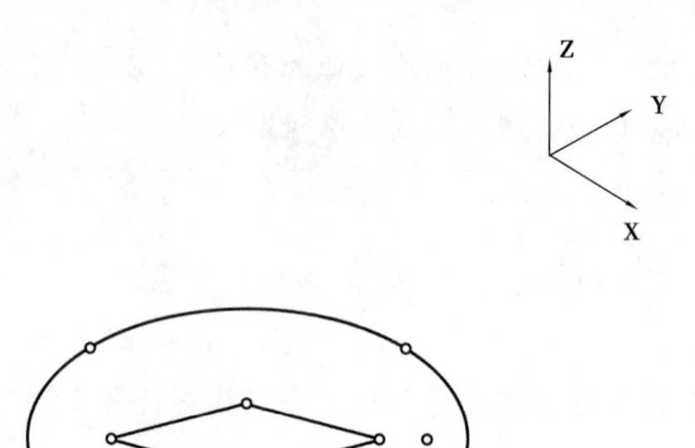

图2-92　图形2

（3）完成图 2-93 所示图形的路径绘制、路径点编号，再进行程序编写、示教与调试。

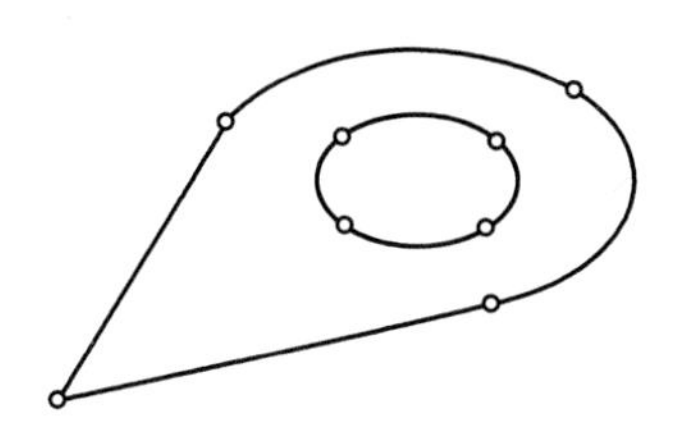

图 2-93　图形 3

▶任务评价

完成本任务的学习后，教师根据课堂表现、习题练习等情况对学生的学习过程和结果进行评价。

序号	评价要点	得分			
1	行为习惯符合课堂纪律与要求	□优	□良	□中	□差
2	学习资料准备齐全	□优	□良	□中	□差
3	能合理分解任务	□优	□良	□中	□差
4	能完成轨迹路径的合理规划	□优	□良	□中	□差
5	能正确编写主程序与子程序	□优	□良	□中	□差
6	能在规定时间内完成程序的编写、调试与运行	□优	□良	□中	□差
7	学习效果	□优	□良	□中	□差

▶任务小结

请学生小结本次任务过程中的收获与存在的问题，并提出改进计划，写入下表。

收获	存在的问题	改进计划

GUIJI ZUOBIAO JISUAN 项目三

轨迹坐标计算

本项目将介绍通过路径点坐标计算的方法完成轨迹的编程、示教与调试，使学生掌握使用位置寄存器轴指令 PR［i，j］的算术运算方法，并且能够使用条件指令和标签指令组成循环语句完成矩阵式图形的编程。

□ 知识目标

1. 了解位置变量与位置寄存器的应用特点；
2. 掌握位置寄存器轴指令的算术运算。

□ 技能目标

1. 能合理选择位置变量与位置寄存器存储数据；
2. 能正确使用位置寄存器轴指令完成赋值运算；
3. 能正确使用位置寄存器轴指令完成算术运算；
4. 能正确完成程序的编写及调试。

□ 思政目标

1. 激发学生的学习兴趣，训练学生良好的操作习惯，培养学生严谨的学习态度；
2. 培养学生好学向上、积极动手、团结协作、吃苦耐劳等良好品质；
3. 培养学生的 7S 职业素养。

任务一　位置寄存器及位置寄存器轴指令

▶任务描述

本任务将介绍位置寄存器及位置寄存器轴指令算术运算的使用方法和技巧。

▶任务准备

准备名称	准备内容	负责人	完成情况
实训工具	工业机器人实训平台、水性笔		
学习资料	教材、任务书、笔记本、练习本、笔		

▶任务实施

一、位置寄存器(PR)指令

如图 3-1 所示,点击屏幕左上角的界面切换按钮,在切换菜单中选择“寄存器”选项,进入寄存器界面,如图 3-2 所示。

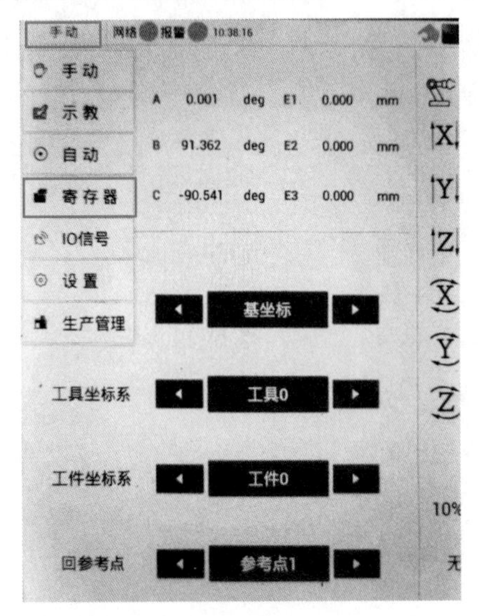

图 3-1　界面切换菜单

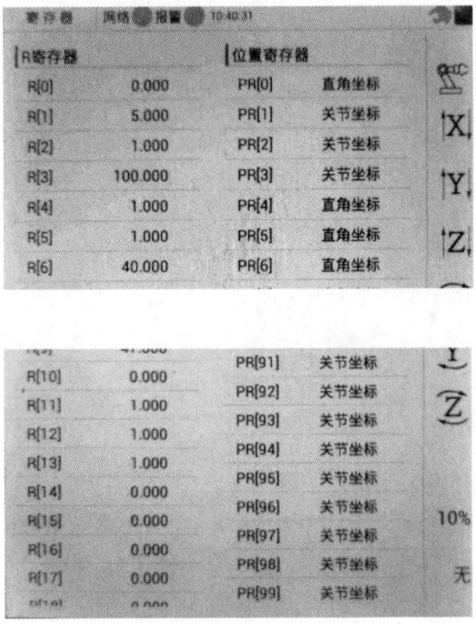

图 3-2　寄存器界面

寄存器页面分为左右两列,左边为寄存器(R[0]～R[99]),右边为位置寄存器(PR[0]～PR[99]),各自的数量都为 100 个,左右两列都可上下滑动进行查看。

位置寄存器作为全局变量,用于存放位置信息。机器人控制系统支持 100 个位置寄存器,寄存器号从 0 开始编号。

例如,PR[1]表示 1 号寄存器;PR[3]表示 3 号寄存器;PR[21]表示 21 号寄存器。

位置寄存器里存储的是位置数据变量。在图 3-2 所示的界面中可以看到,每一个位置寄存器的右边显示了当前保存的数据类型。“直角坐标”表示位置寄存器里存储的数据类型是 X、Y、Z、A、B、C;“关节坐标”表示位置寄存器里存储的数据类型是机器人各关节转过的角度 J1、J2、J3、J4、J5、J6。

点击 0 号位置寄存器 PR[0]所在的行，弹出的对话框如图 3-3 所示，其保存的位置数据是 0 号工具坐标系、0 号工件坐标系下的直角坐标。

点击 2 号位置寄存器 PR[2]所在的行，弹出的对话框如图 3-4 所示，其保存的位置数据是关节坐标数据，表示机器人各个关节相对于各个轴的参考点(零点)所转过的角度及方向。

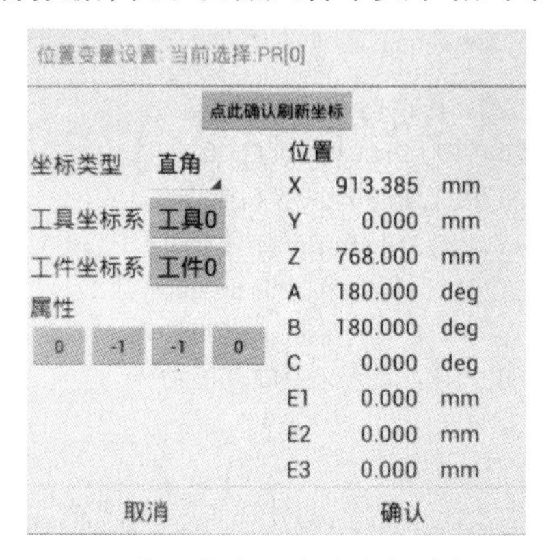

图 3-3　位置寄存器直角坐标数据显示

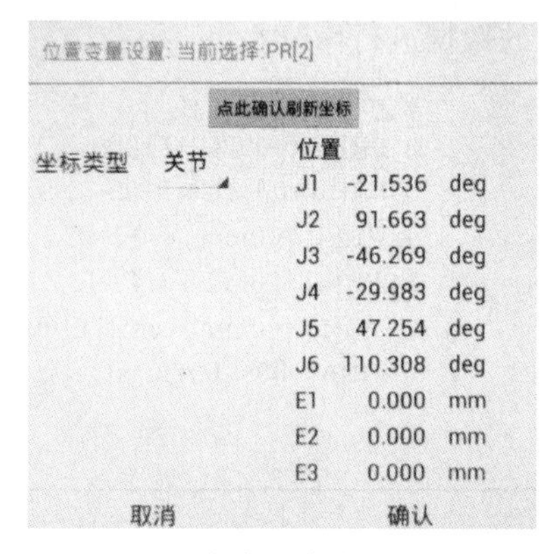

图 3-4　位置寄存器关节坐标数据显示

1. 位置寄存器 PR[i]与位置数据 P[i]的区别

在前面曾提到，位置寄存器 PR[i]是全局变量，在程序里或者寄存器界面中修改了某个寄存器的位置数据后，所有用到该寄存器的程序都会受到影响。而位置数据 P[i]是局部变量(也称为内部变量)，在程序里进行位置替换时，只是影响一个程序内的相同编号的变量，对其他程序中相同编号的变量没有影响。

示例：如图 3-5 和图 3-6 所示的两个程序都有相同编号的位置变量 P[1]、P[2]、P[3]、P[4]、P[5]、P[6]，但是他们在不同的程序里，修改任意一个程序的位置变量的位置，另一个程序里相同编号的位置变量存储的数据不受影响。

```
ZhiXian
J  P[1] 100% CNT100
J  P[2] 100% CNT100
L  P[3] 100mm/sec FINE
L  P[4] 100mm/sec FINE
L  P[3] 100mm/sec CNT100
J  P[2] 100% CNT100
J  P[1] 100% CNT100
END
```

图 3-5　示例程序 1

```
YuanHu
J  P[1] 100% CNT100
J  P[2] 100% CNT100
L  P[3] 100mm/sec FINE
C  P[4]P[5] 100mm/sec FINE
L  P[6] 100mm/sec CNT100
J  P[7] 100% CNT100
J  P[1] 100% CNT100
END
```

图 3-6　示例程序 2

但是，当修改图 3-5 中第 1 行程序的位置变量 P[1]的位置时，第 7 行程序里的位置变量 P[1]的位置数据是会发生改变的。虽然处于不同的程序行，但是因为在同一个程序里，所以他们的位置数据是一样的。

如果把图 3-5 和图 3-6 的程序改成图 3-7 和图 3-8 所示的程序，此时，两个程序都有相同编号的位置寄存器 PR[1]、PR[2]、PR[3]、PR[4]、PR[5]、PR[6]，他们虽然在不同的子程序里。但是,对程序 ZhiXian 进行示教和替换位置操作时,程序 YuanHu 里对应的位置寄存器的位置数据也会发生改变。

2. 位置寄存器中坐标类型的修改

点击位置寄存器列表中的任意一行,在弹出的对话框中可以对坐标类型和位置数据进行修改。在实际使用中,通常是把关节坐标类型切换成直角坐标类型,再对寄存器里的直角坐标的数据进行修改。

```
ZhiXian
J  PR[1] 100% CNT100
J  PR[2] 100% CNT100
L  PR[3] 100mm/sec FINE
L  PR[4] 100mm/sec FINE
L  PR[5] 100mm/sec CNT100
J  PR[6] 100% CNT100
END
```

图 3-7　示例程序 3

```
YuanHu
J  PR[1] 100% CNT100
J  PR[2] 100% CNT100
L  PR[3] 100mm/sec FINE
C  PR[4]PR[5] 100mm/sec FINE
L  PR[6] 100mm/sec CNT100
J  PR[7] 100% CNT100
END
```

图 3-8　示例程序 4

(1)直角坐标切换为关节坐标

在示教界面点击 0 号寄存器所在的行,弹出如图 3-9 所示的对话框。当"点此确认刷新坐标"按钮显示时,坐标类型旁的切换按钮是不可以使用的。点击"点此确认刷新坐标"按钮,位置数据发生了改变,机器人当前位置的坐标存入了示教器,如图 3-10 所示。

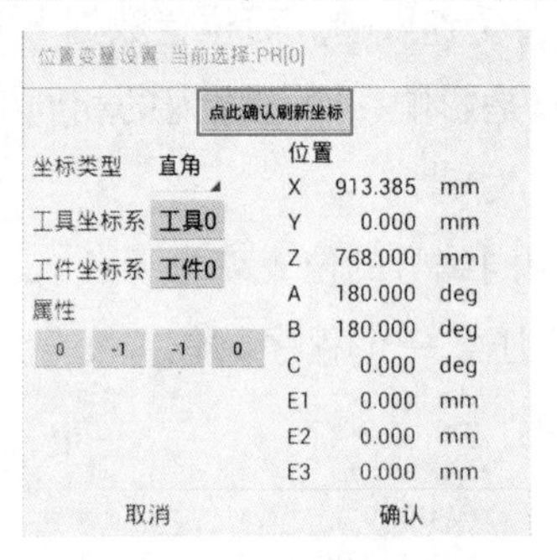

图 3-9　刷新坐标

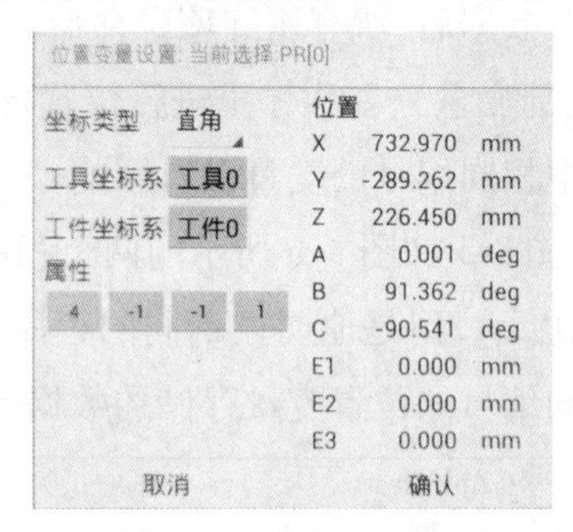

图 3-10　刷新后的位置数据

位置数据更新后,点击"坐标类型"旁的"直角"按钮,弹出坐标类型选择列表,如图 3-11 所示。选择"关节"选项,整个界面切换为关节坐标类型显示界面,如图 3-12 所示。

位置变量设置: 当前选择:PR[0]
坐标类型 直角
工具坐标系 关节
工件坐标系 直角
属性
4 -1 -1 1
位置
X 732.970 mm
Y -289.262 mm
Z 226.450 mm
A 0.001 deg
B 91.362 deg
C -90.541 deg
E1 0.000 mm
E2 0.000 mm
E3 0.000 mm
取消 确认

图 3-11　坐标类型切换

位置变量设置: 当前选择:PR[0]
坐标类型 关节
位置
J1 -21.536 deg
J2 91.663 deg
J3 -46.269 deg
J4 -29.983 deg
J5 47.254 deg
J6 110.308 deg
E1 0.000 mm
E2 0.000 mm
E3 0.000 mm
取消 确认

图 3-12　关节坐标系下的位置数据

(2)关节坐标切换为直角坐标

在示教界面点击 2 号寄存器所在的行,弹出如图 3-13 所示的对话框。点击“点此确认刷新坐标”按钮,把机器人当前位置的坐标存入示教器,如图 3-14 所示。

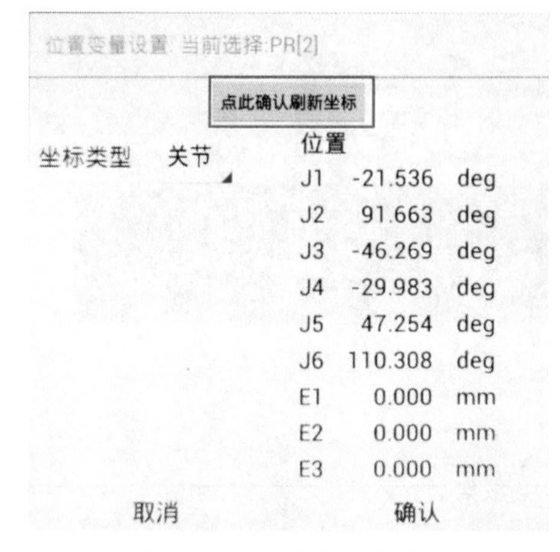

图 3-13　刷新位置数据

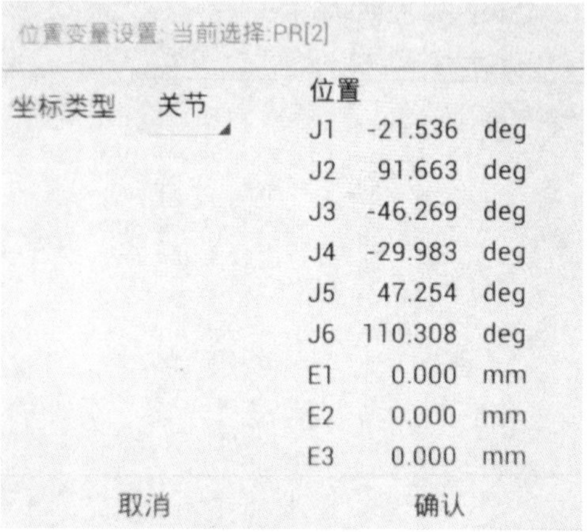

图 3-14　刷新后的位置数据

位置数据更新后,点击坐标类型旁的“关节”按钮,弹出坐标类型选择列表,如图 3-15 所示。选择“直角”选项,整个界面切换为直角坐标类型显示界面,如图 3-16 所示。

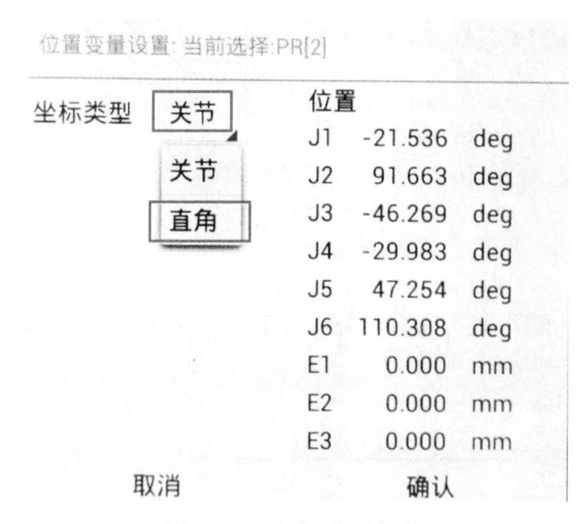

图 3-15　坐标类型切换

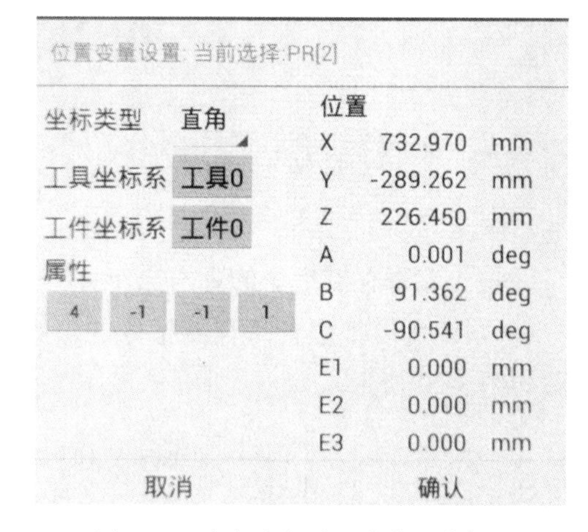

图 3-16　直角坐标系下的位置数据

(3)位置寄存器中坐标值的修改

在实际使用中,对坐标值的修改都是在直角坐标类型界面中完成,在该界面下,无论有没有点击“点此确认刷新坐标”按钮,都可以对位置坐标进行修改。通常情况下,对 X、Y 或者 Z 坐标值的修改即可满足现场使用要求。

在图 3-17 所示界面中,点击 Y 坐标所在的行,弹出如图 3-18 所示的对话框。把 Y 坐标的值加上 100 后的值“181. 655”输入对话框,并点击“确认”按钮,Y 坐标值被修改,如图 3-19所示。按照同样的方法,根据需要对其他的坐标值进行修改即可。

位置变量设置 当前选择:PR[22]
点此确认刷新坐标
坐标类型 直角
工具坐标系 工具0
工件坐标系 工件0
属性
4 -1 -1 1
位置
X 192.752 mm
Y 81.655 mm
Z 79.803 mm
A -0.833 deg
B 88.806 deg
C -90.318 deg
E1 0.000 mm
E2 0.000 mm
E3 0.000 mm
取消 确认

图 3-17　选择要修改的坐标轴

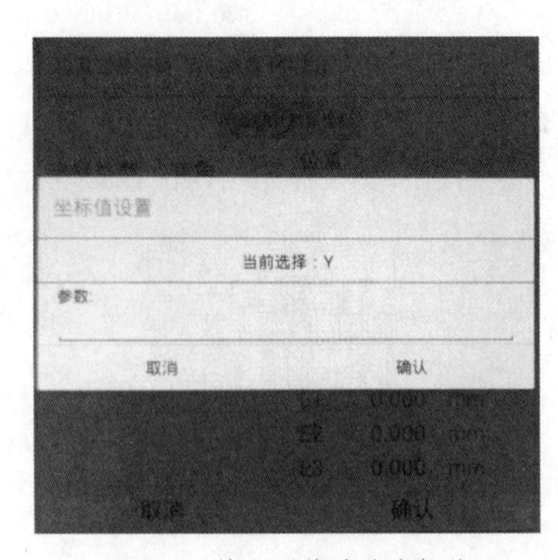

图 3-18　输入要修改的坐标值

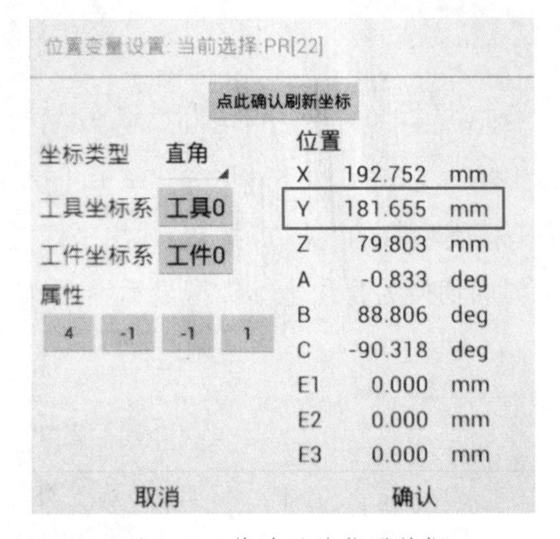

图 3-19　修改后的位置数据

(4)位置寄存器指令的算术操作

本系统可以把位置寄存器指令的位置数据、两个数值的和、差赋值给指定的位置寄存器,如图 3-20 所示。

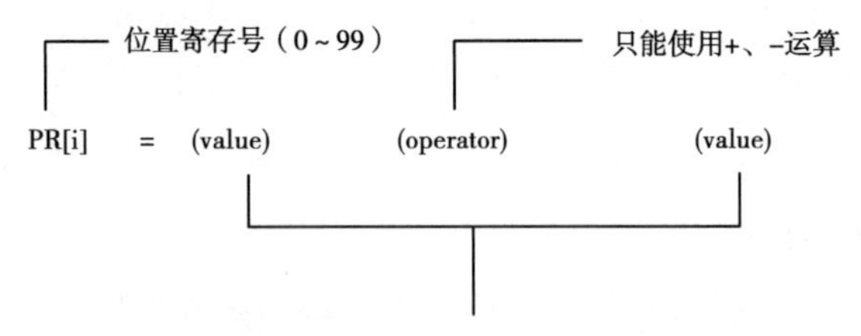

图 3-20　位置寄存器的运算格式

在程序语言中,符号“=”通常不再称为“等于”符号,而是称作“赋值”符号。执行运算时,赋值符号右边的值只是参与运算,并没有被改变,被改变的是赋值符号左边的值。

例 1:PR[1]=Lpos 表示把机器人当前位置的坐标值赋给 1 号寄存器。

例 2:PR[11]=PR[5]

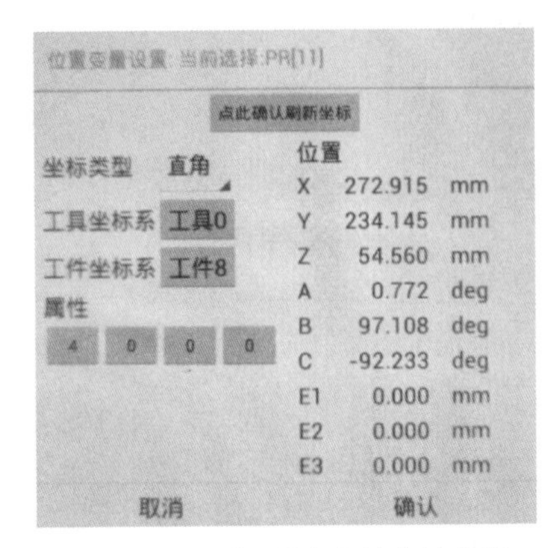

图 3-21　PR[11]的当前位置数据

11 号寄存器的当前值如图 3-21 所示,5 号寄存器的当前值如图 3-22 所示,执行指令 PR[11] = PR[5]后,11 号寄存器的坐标值如图 3-23 所示。

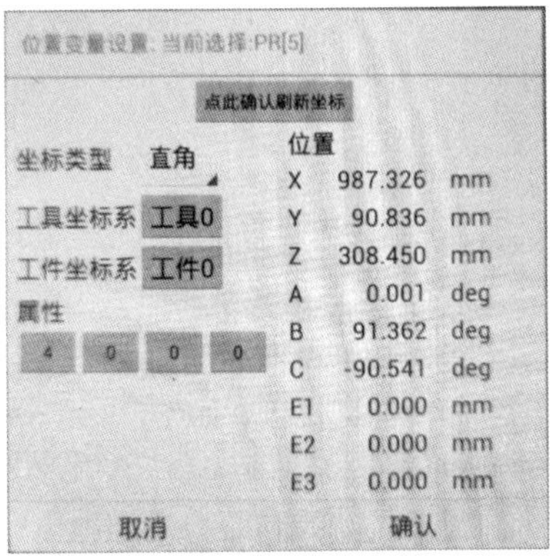

图 3-22　PR[5]的当前位置数据

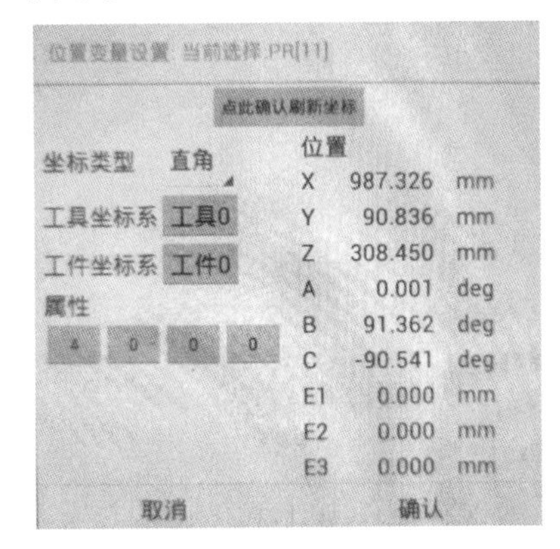

图 3-23　执行运算指令后 PR[11]的位置数据

例 3:PR[12] = PR[5] + PR[6]

5 号位置寄存器的当前值如图 3-24 所示,6 号位置寄存器的当前值如图 3-25 所示,12 号位置寄存器的当前值如图 3-26 所示,执行指令 PR[12] = PR[5] + PR[5]后,12 号位置寄存器的坐标值如图 3-27 所示。

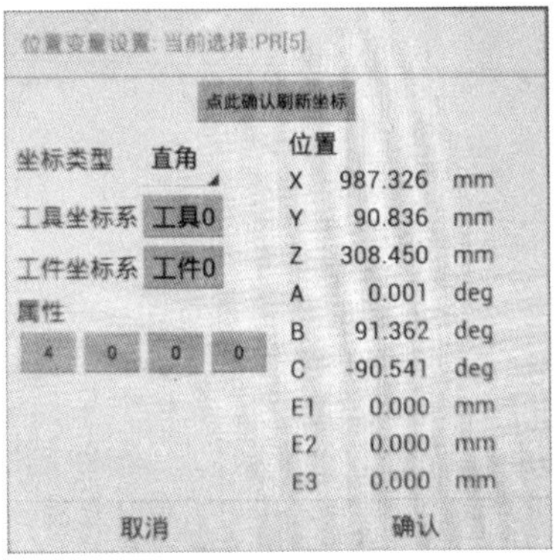

图 3-24　PR[5]的当前位置数据

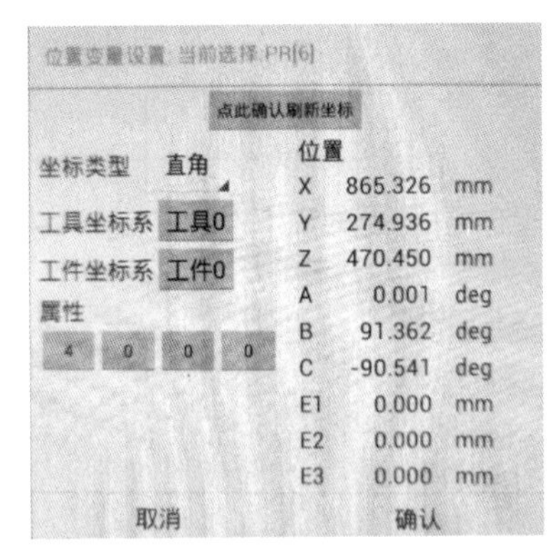

图 3-25　PR[6]的当前位置数据

位置变量设置：当前选择:PR[12]
点此确认刷新坐标
坐标类型 直角
工具坐标系 工具0
工件坐标系 工件1
属性
4 0 0 -1
位置
X 152.831 mm
Y 463.516 mm
Z 434.800 mm
A -32.439 deg
B 87.425 deg
C 179.711 deg
E1 0.000 mm
E2 0.000 mm
E3 0.000 mm
取消 确认

图 3-26 PR[12]的当前位置数据

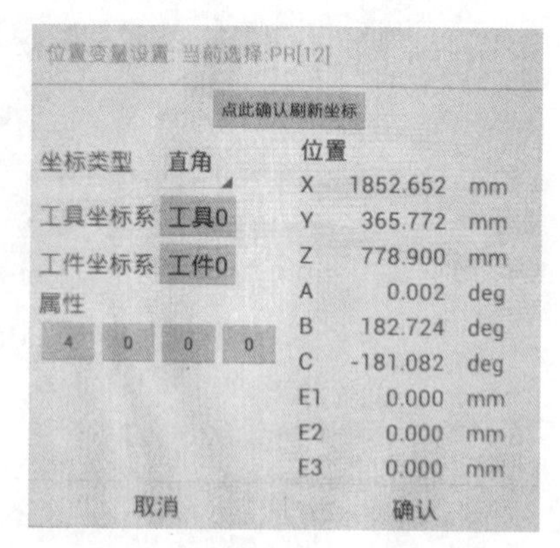

图 3-27 执行运算指令后 PR[12]的位置数据

二、位置寄存器轴指令(PR[i,j])

PR[i,j] 中的元素 i 代表位置寄存器的序号，j 代表位置寄存器元素的序号，如图 3-28 所示。

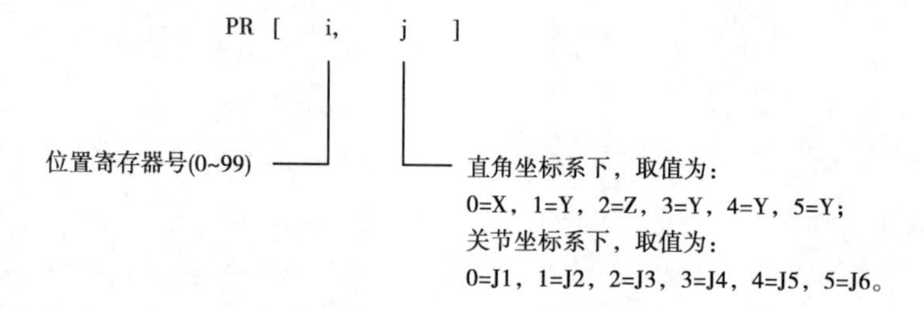

图 3-28 位置寄存器轴指令格式

例如，PR[5,1]表示 5 号寄存器的 Y 坐标；PR[12,2]表示 12 号寄存器的 Z 坐标。

1. 位置寄存器轴指令的运算

位置寄存器轴指令可以将位置数据元素的值，或两个数据的和、差、商、余数等赋值给指定的位置寄存器元素，如图 3-29 所示。

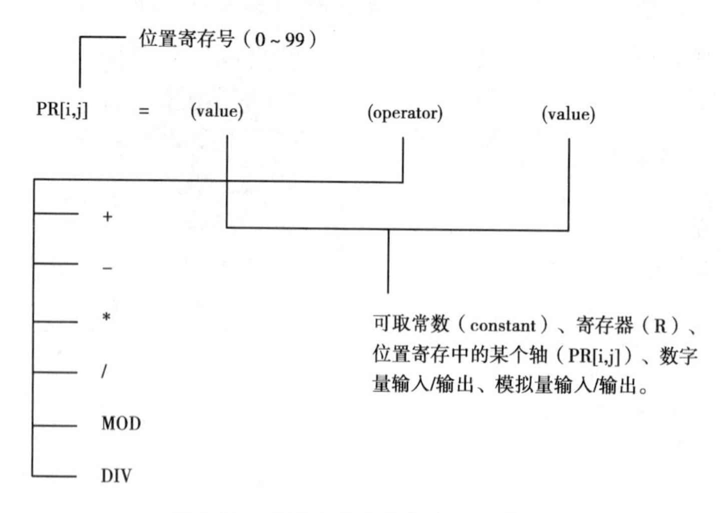

图 3-29 位置寄存器轴指令的运算格式

(1)PR[i,j] = (value)

该指令把常数、寄存器(R[i])或位置寄存器(PR[i,j])中的元素赋值给指定的位置寄存器元素。

(2)PR[i,j] = (value) + (value)

该指令把两个数值(常数、寄存器 R[i]或位置寄存器 PR[i,j]中的元素)的和赋值给指定的位置寄存器元素。

(3)PR[i,j] = (value) - (value)

该指令把两个数值(常数、寄存器 R[i]或位置寄存器 PR[i,j]中的元素)的差赋值给指定的位置寄存器元素。

(4)PR[i,j] = (value) * (value)

该指令把两个数值(常数、寄存器 R[i]或位置寄存器 PR[i,j]中的元素)的乘积赋值给指定的位置寄存器元素。

(5)PR[i,j] = (value)/(value)

该指令把两个数值(常数、寄存器 R[i]或位置寄存器 PR[i,j]中的元素)的商赋值给指定的位置寄存器元素。

(6)PR[i,j] = (value)DIV(value)

该指令把两个数值(常数、寄存器 R[i]或位置寄存器 PR[i,j]中的元素)的商的整数部分赋值给指定的位置寄存器元素。

例如,1 DIV 2 = 0;3 DIV 2 = 1;0 DIV 2 = 0;2 DIV 2 = 1。

(7)PR[i,j] = (value)MOD(value)

该指令把两个数值(常数、寄存器 R[i]或位置寄存器 PR[i,j]中的元素)的商的小数部分赋值给指定的位置寄存器元素。

例如,1 MOD 2 = 0.5;3 MOD 2 = 0.5;0 MOD 2 = 0;2 MOD 2 = 0。

[例 1]PR[3]的数据为(400,300,200,30,20,40),PR[10]的数据为(200,220,130,40,10,80)。

(1)执行指令 PR[3,1] = PR[3,1] +50 后,PR[3]的数据为(400,350,200,30,20,40)。

(2)执行指令 PR[3,1] = PR[10,2] +100 后,PR[3]的数据为(400,230,200,30,20,40)。

(3)执行指令 PR[3] = PR[10]后,PR[3]的数据为(200,220,130,40,10,80)。

[例 2]如图 3-30 所示,假设 P5 的数据为(400,300,200,30,20,40),示教时将点 P5 的数据存入 PR[5]。写出计算路径点 P6 的程序(点 P6 的坐标值存入 PR[6] 中)。

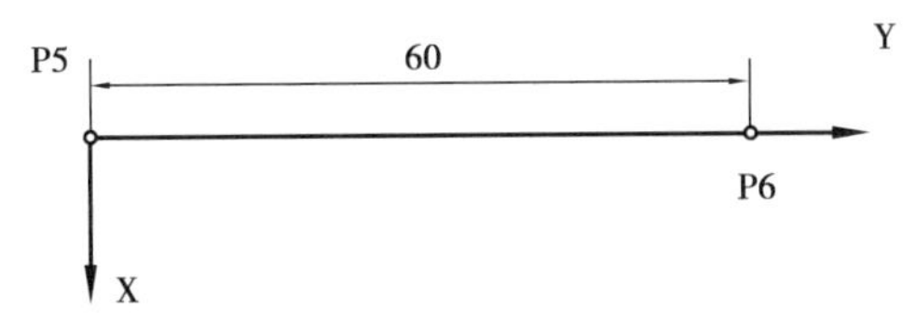

图 3-30　示教点坐标计算

方法一：

PR[6] = PR[5]

PR[6,1] = PR[5,1] + 60

方法二：

PR[6] = PR[5]

PR[6,1] = PR[6,1] + 60

▶任务练习

1. PR[1]的数据为(400,300,200,30,20,40)。

(1)把X坐标值修改为500的指令为______________________。

(2)执行指令PR[1,2]=PR[1,2]+50后,PR[1]的________坐标值为________。

(3)执行指令PR[1,4]=PR[1,2]*50后,PR[1]的Z坐标值为________。

(4)执行指令PR[1,1]=150后,PR[1]的________坐标值为________。

(5)执行指令PR[2]=PR[1]后,PR[2]的数据为________________。

(6)执行指令PR[1,4]=PR[1,2]/50后,PR[1]的________坐标值为________。

2. 如图3-31所示,示教时将点P4的数据存入PR[4],写出计算示教点P3的程序。假设P4的数据为(110,120,119,0,-90,0),点P3存入PR[3]。

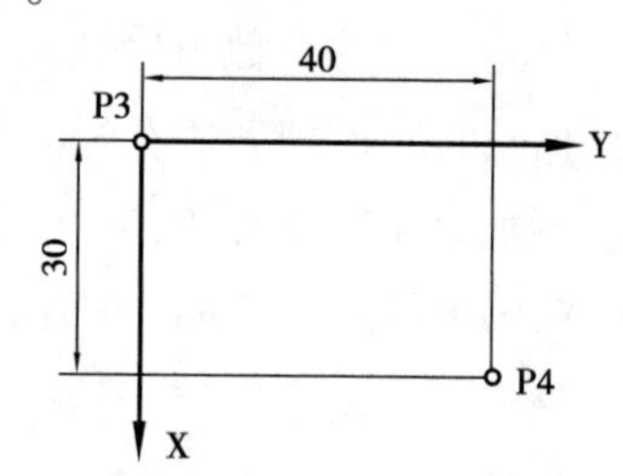

图3-31　示教点坐标计算

3. 如图3-32所示,示教时将点P3的数据存入PR[3],写出计算示教点P2、P3的程序。点P2存入PR[2],点P1存入PR[1]。

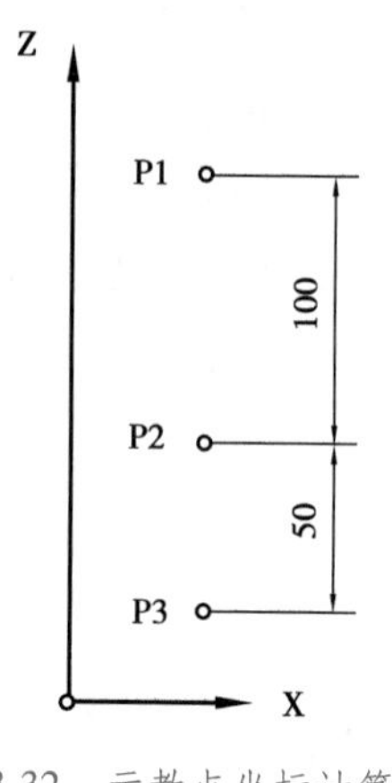

图3-32　示教点坐标计算

▶任务评价

完成本任务的学习后，教师根据课堂表现、习题练习等情况对学生的学习过程和结果进行评价。

序号	评价要点	得分			
1	行为习惯符合课堂纪律与要求	□优	□良	□中	□差
2	学习资料准备齐全	□优	□良	□中	□差
3	能说出 P[i]和 PR[i]在使用上的区别	□优	□良	□中	□差
4	能正确使用位置寄存器轴指令完成计算	□优	□良	□中	□差
5	能在规定时间内完成程序的编辑、调试与运行	□优	□良	□中	□差
6	学习效果	□优	□良	□中	□差

▶任务小结

请学生小结本次任务过程中的收获与存在的问题，并提出改进计划，写入下表。

收获	存在的问题	改进计划

任务二　单个轨迹坐标计算

▶任务描述

本任务将介绍使用位置寄存器轴指令计算路径点坐标，并完成计算子程序、轨迹子程序和主程序的编写，最后调试并运行该程序，让学生进一步掌握工业机器人的工作流程，熟悉位置寄存器及其轴指令的使用。

▶任务准备

准备名称	准备内容	负责人	完成情况
实训工具	工业机器人实训平台、水性笔		
学习资料	教材、任务书、笔记本、练习本、笔		

▶任务实施

一、任务规划

本任务所绘图形的运动轨迹如图3-33所示。本任务只示教参考点P0和计算基准点P3,其余点的坐标用轴指令计算得出。本任务可分为路径点坐标计算和绘制直线轨迹两个子任务,每个子任务可以编写一个子程序,再用主程序调用两个子程序即可。

程序执行时,机器人首先回到参考点PO。调用坐标计算程序,计算出所有路径点坐标。再调用轨迹程序,按照预定的轨迹运动。再次回到参考点PO。结束程序的运行。主程序的流程图和内容如图3-34所示。

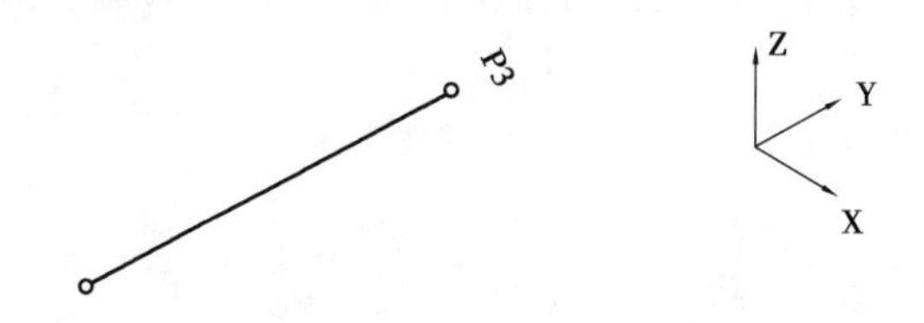

图3-33　图形轨迹

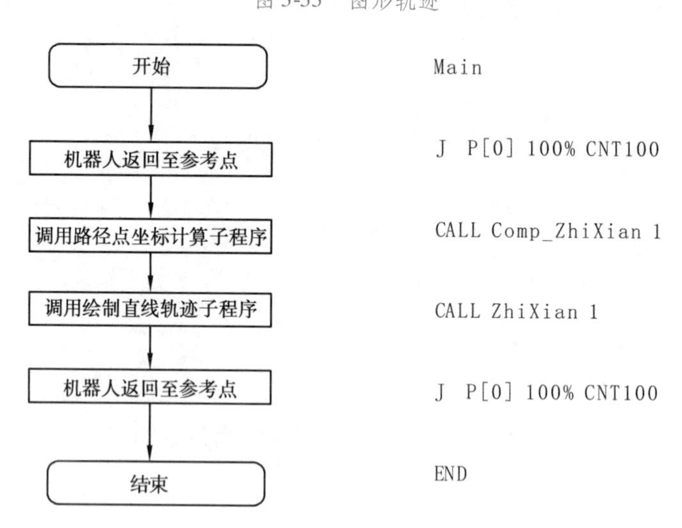

图3-34　主程序的流程图和内容

二、运动规划及程序编写

1. 编写绘制直线轨迹子程序

机器人的动作可分解为"接近轨迹""沿轨迹运动""离开轨迹"3个动作,如图3-35所示。

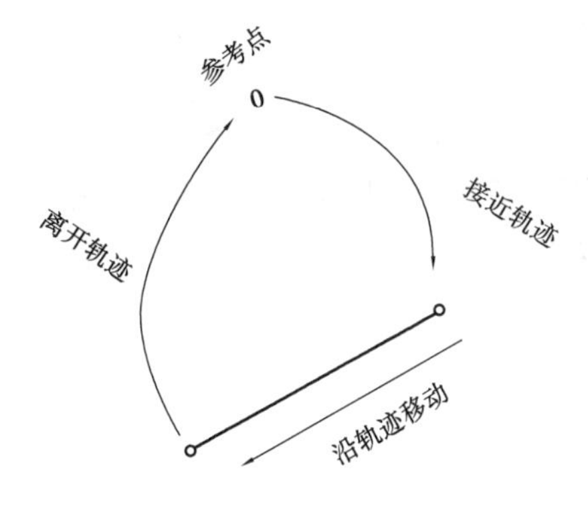

图 3-35　直线轨迹运动规划

接近轨迹时设定安全点、接近点，离开时设定回退点、安全点，执行程序时机器人先快速移动至安全点 P1，再快速移动至接近点 P2，最后到达轨迹起点 P3 开始绘制图形，图形绘制完成到达终点 P4，随后机器人经过返回点 P5 到达安全点 P6。

用虚线箭头（J 指令）和实线箭头（L 指令或 C 指令）绘制出直线和圆弧轨迹的运动路径，并标注出相关位置的尺寸，如图 3-36 所示。

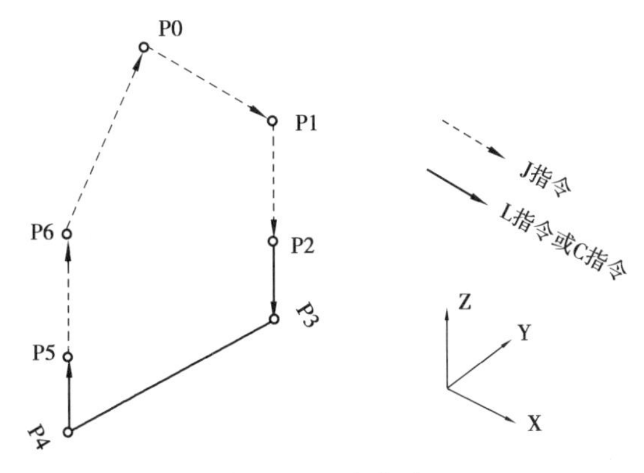

图 3-36　运行轨迹

绘制直线轨迹子程序的流程图和内容，如图 3-37 所示。

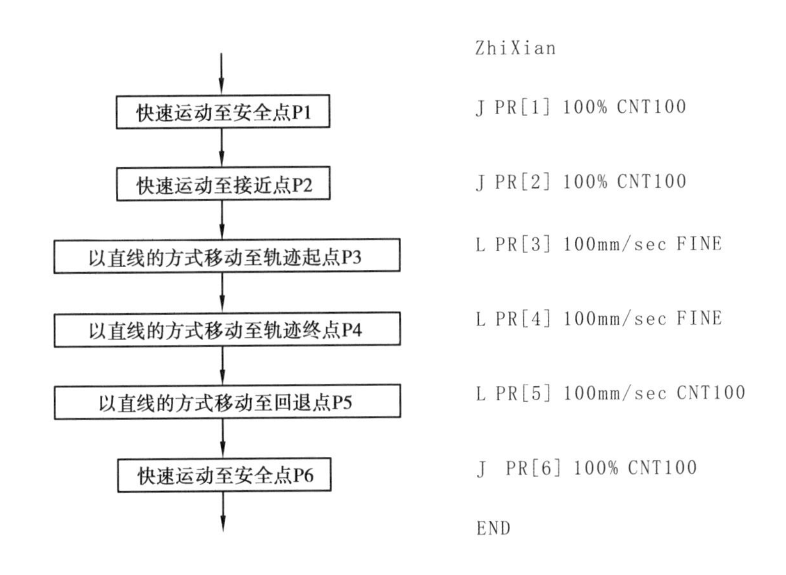

图 3-37　绘制直线轨迹子程序的流程图和内容

> 友情提示
>
> 在示教和路径点坐标计算时,把路径点的编号和所使用的位置寄存器号相对应,这样可避免混淆。示教点 P3 时,将其坐标存入位置寄存器 PR[3], P2 点的坐标用位置寄存器 PR[2]存储,点 PO、P1、P4、P5 和 P6 分别使用位置寄存器 PR[0]、PR[1]、PR[2]、PR[4]和 PR[6]。

2. 编写路径点坐标计算子程序

因为除了 P0 和 P3 点以外,其余的点都要用轴指令计算得出,所以一定要注意图 3-38 中标注的点与点之间的距离及方向。直线长度为 80 mm,安全点 P1 和 P6 的高度为 150 mm,接近点、回退点的高度为 50 mm。

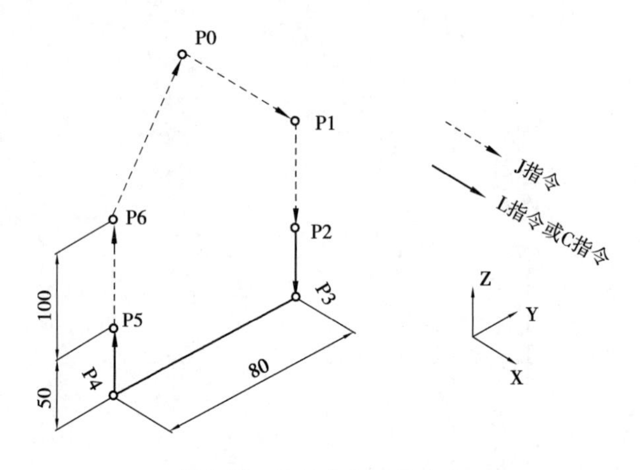

图 3-38 路径点位置尺寸

路径点坐标计算子程序的流程图和内容,如图 3-39 所示。

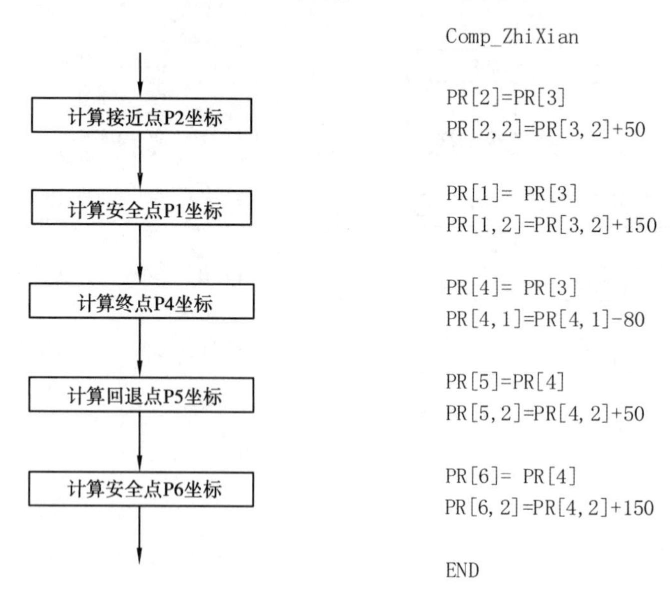

图 3-39 路径点坐标计算子程序的流程图和内容

> 友情提示
>
> PR[3]为计算的基准点,而且程序是从上往下依次执行的,所以,PR[3]对其他点的赋值语句一定要写在最前面。

三、示教与调试

1. 示教前的准备

示教前的准备工作参见项目二任务三中对应部分的内容。

2. 输入程序

(1)输入绘制直线轨迹程序

绘制直线轨迹程序的输入结果如图 3-40 所示,详细的输入步骤,这里不再赘述。

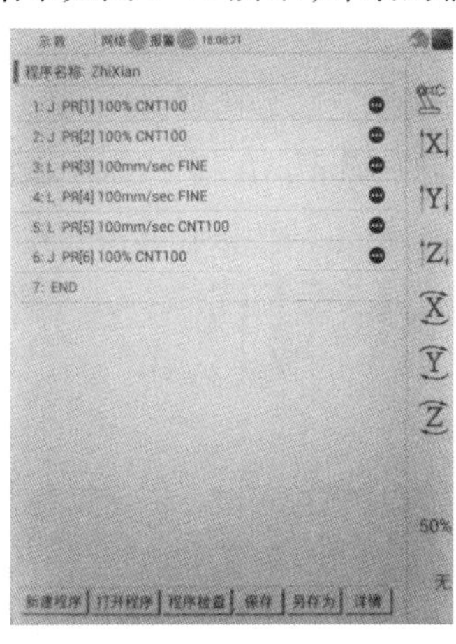

图 3-40　输入的绘制直线轨迹程序

(2)输入路径点坐标计算程序

①进入示教界面,新建一个名为“Comp_ZhiXian”的程序,如图 3-41 所示。

②点击 END 行,在弹出的指令类型选择菜单中选择“寄存器指令”选项,进入图 3-42 所示界面。

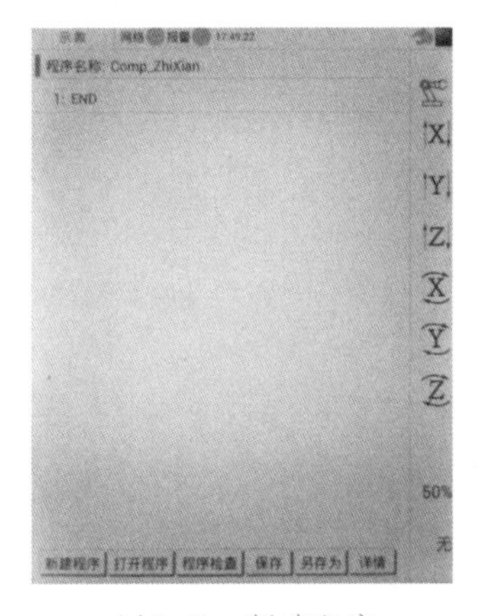

图 3-41　新建程序

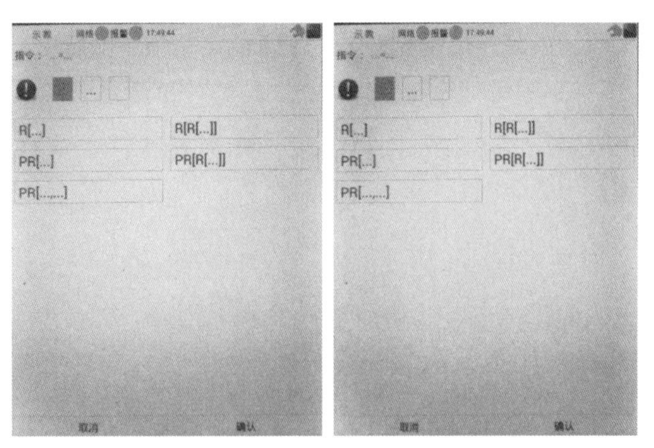

图 3-42　寄存器指令编辑界面

③选择“PR[...]”选项,进入图 3-43 所示界面。在可滑动的指令编辑行中选择下一个

选项，输入数字 2，如图 3-44 所示，点击“确认”按钮，进入图 3-45 所示界面。

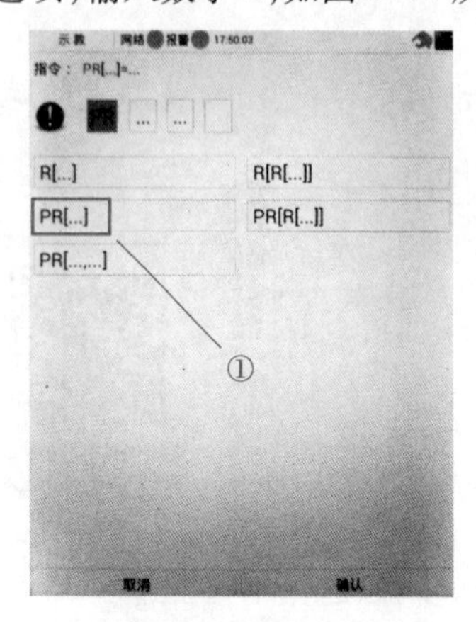

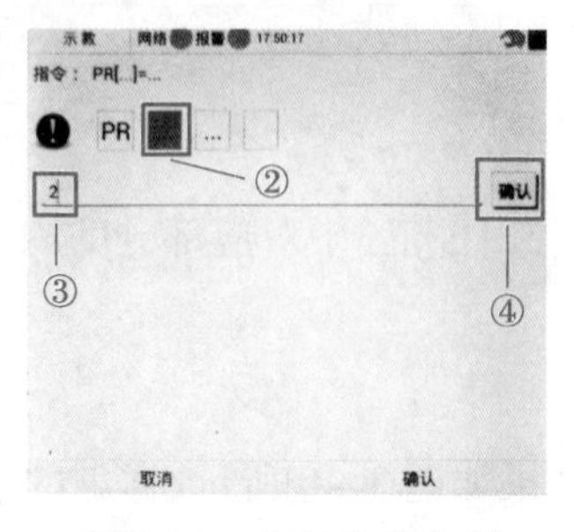

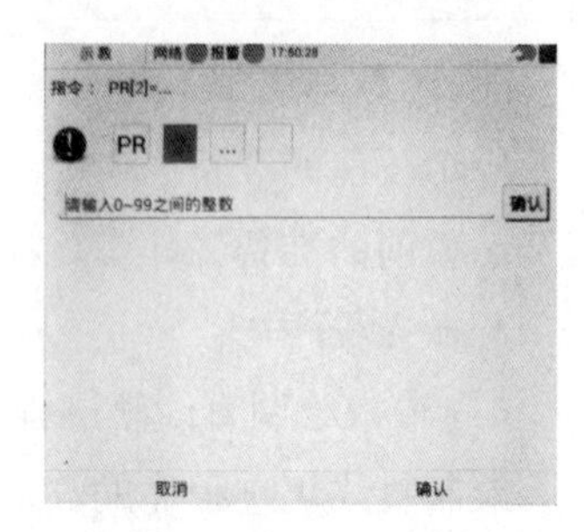

图 3-43　选择位置寄存器

图 3-44　输入寄存器号

图 3-45　输入 2 号寄存器

④在可滑动的指令编辑行中选择下一个选项，进入图 3-46 所示界面，在该界面的可选项中选择“PR[...]”选项，如图 3-47 所示。在指令编辑行中选择下一个选项，输入数字 3，如图 3-48 所示，点击两处的“确认”按钮，返回到示教界面。

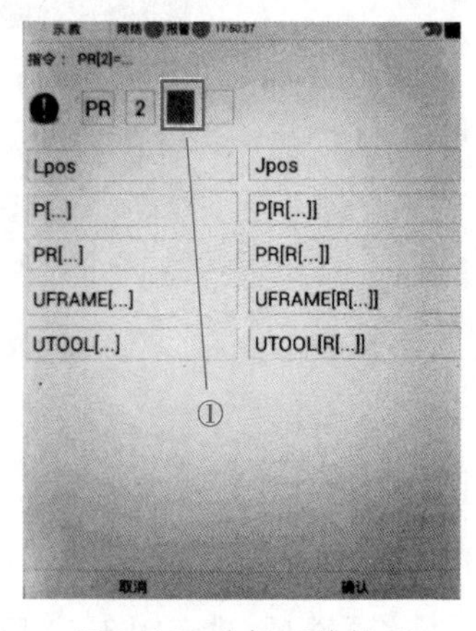

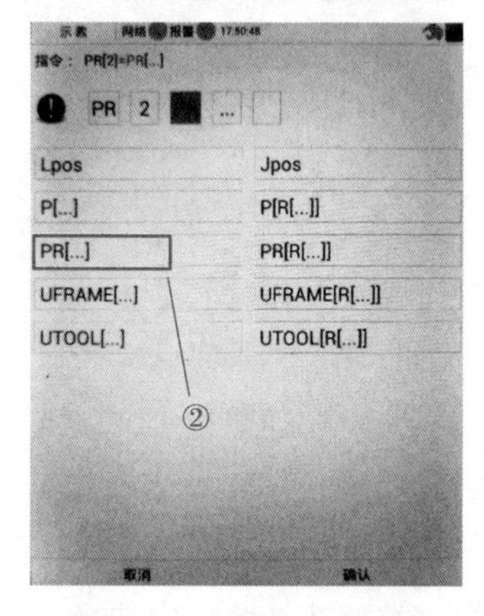

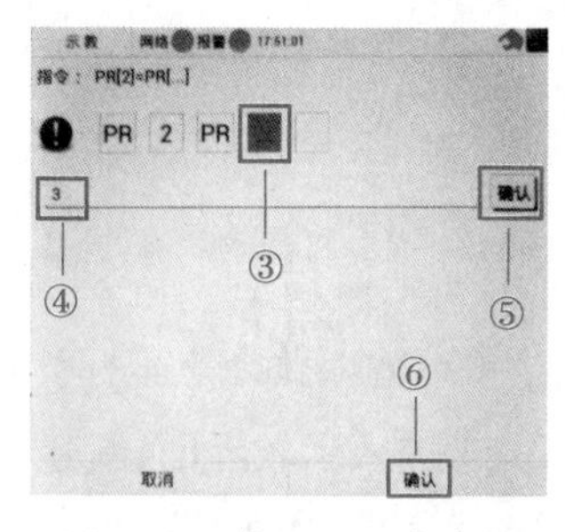

图 3-46　选择可编辑项　　图 3-47　选择位置寄存器　　图 3-48　输入 3 号寄存器

⑤在示教界面复制第一行程序并粘贴，如图 3-49 所示，点击或短按第二行指令，进入图 3-50所示的程序编辑界面。在下方的可选项中选择 PR[...,...]选项，进入图 3-51 所示界面。

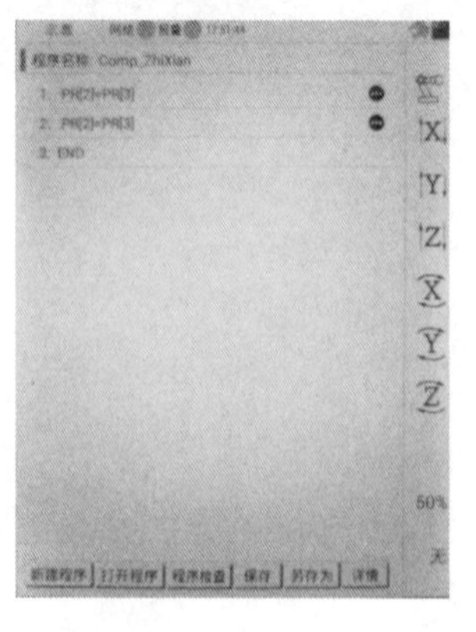

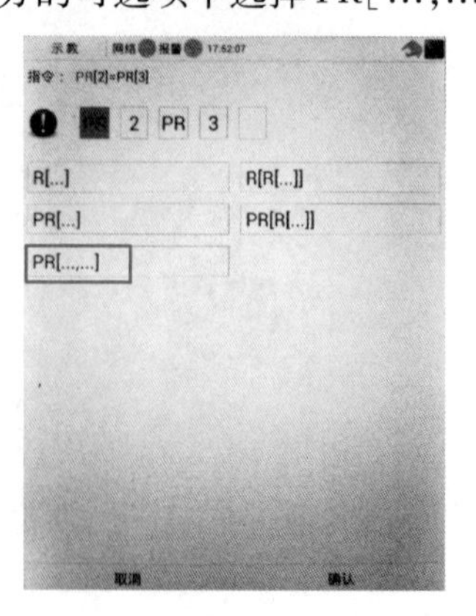

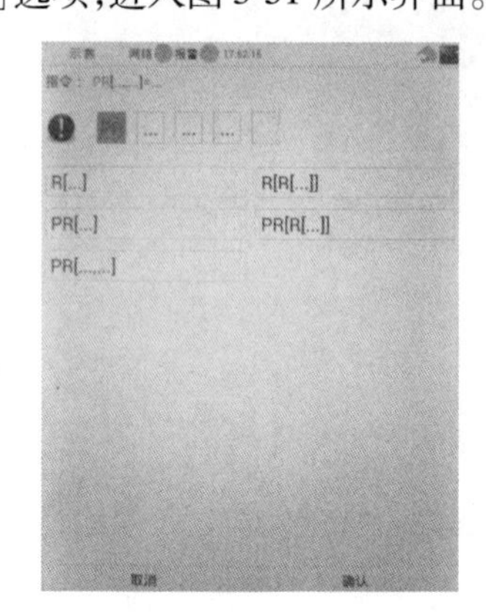

图 3-49　复制第一行指令　　图 3-50　选择位置寄存器轴指令　　图 3-51　轴指令编辑界面

⑥在可滑动指令编辑行中选择下一个选项，在下面的可选项中选择 const(常数)，输入数字 2，点击“确认”按钮。继续选择下一个选项，输入数字 2，点击“确认”按钮，如图 3-52—图 3-54 所示。

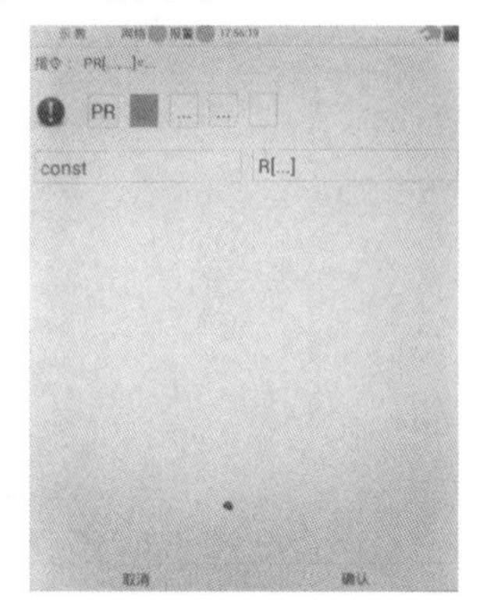

图 3-52　选择可编辑项

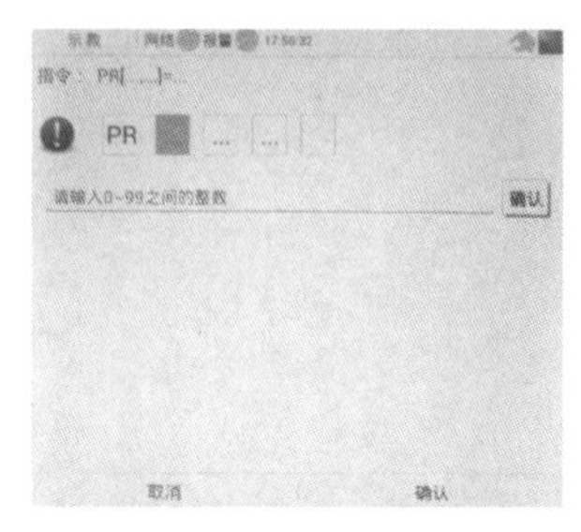

图 3-53　输入寄存器号

图 3-54　输入轴号

⑦继续选择下一个“PR[…,…]”选项。按照⑥的方法输入 PR[3,2]，如图 3-55—图 3-57所示。

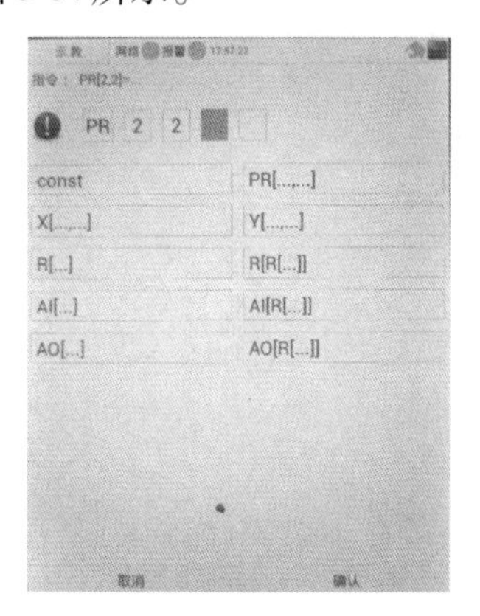

图 3-55　选择寄存器轴指令

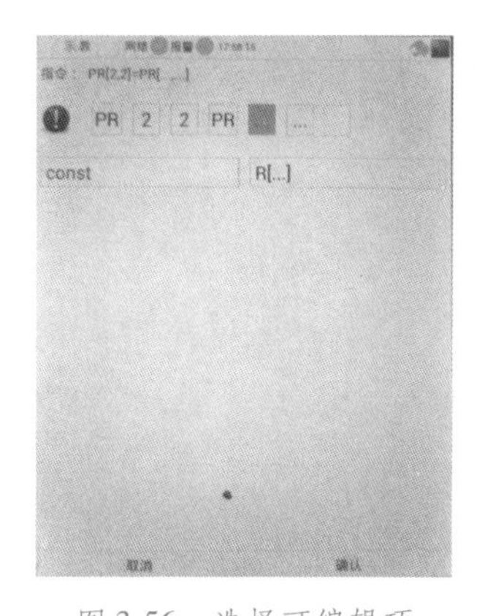

图 3-56　选择可编辑项

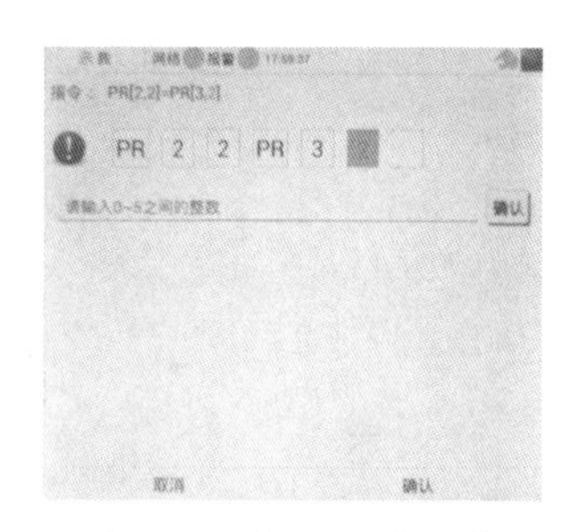

图 3-57　输入 PR[3,2]

⑧点击可滑动的指令编辑行最右边的空白选项，进入图 3-58 所示的界面。在下方的可选项中选择符号“+”。继续选择下一个选项，输入 50，如图 3-59 和图 3-60 所示，点击两处的“确认”按钮，返回到示教界面。

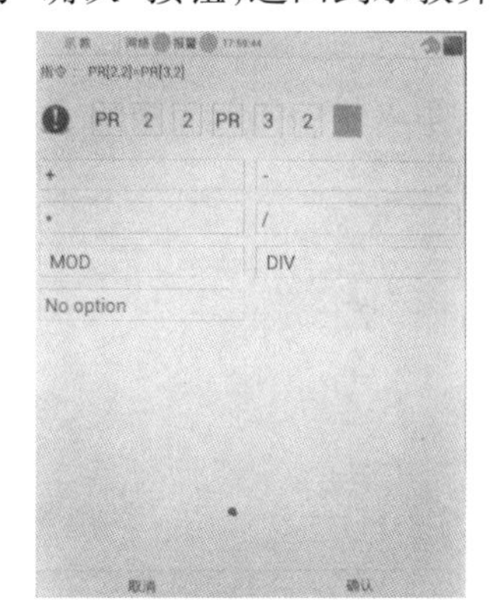

图 3-58　选择末尾的空白选项

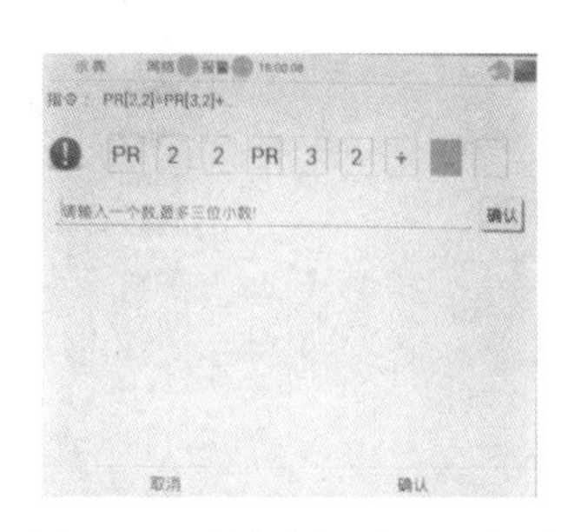

图 3-59　继续选择下一个选项

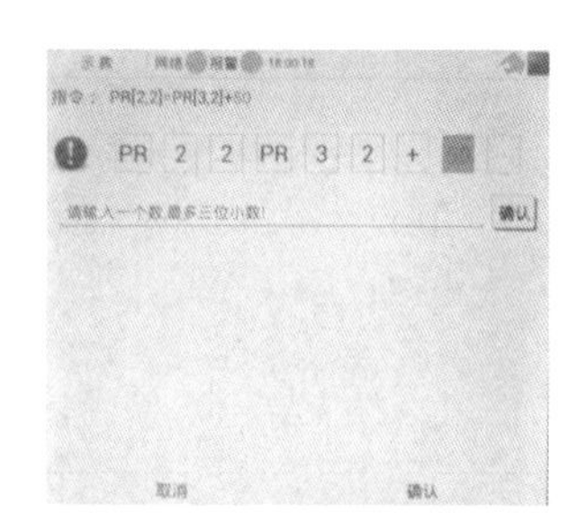

图 3-60　输入数字 50

⑨复制第 1 行程序，在第 2 行之后连续粘贴 4 次，如图 3-61 所示。

⑩复制第 2 行程序，在第 3 至 6 行程序后各粘贴 1 次，如图 3-62 所示。

⑪对照已经编写的路径点坐标计算程序对复制后的指令行进行修改，如图 3-63 所示。

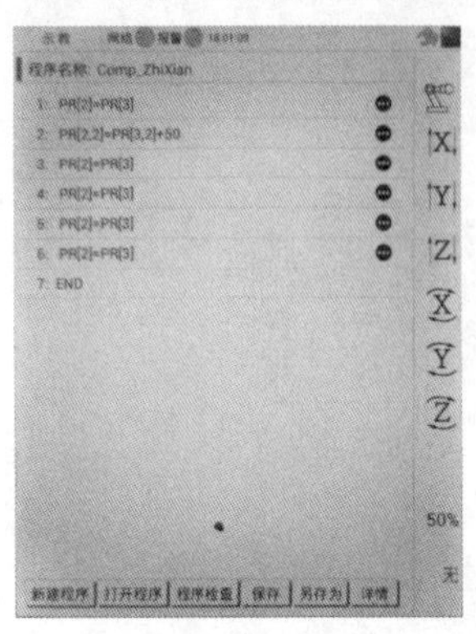

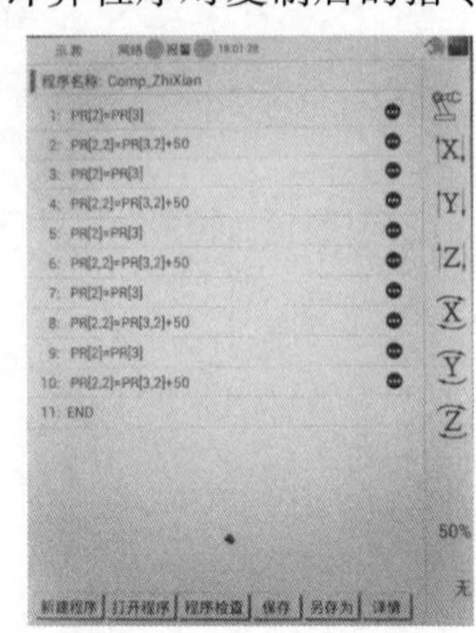

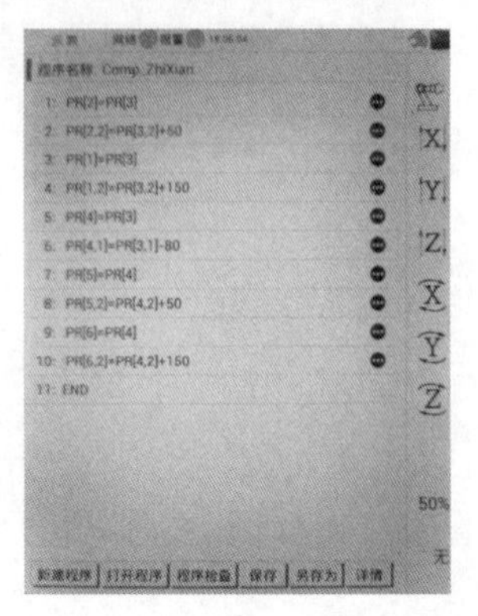

图 3-61　复制并粘贴第 1 行程序 4 次　图 3-62　复制并粘贴第 2 行程序 4 次　图 3-63　计算程序输入完成

(3)输入主程序

①在示教界面新建一个名为“Main”的主程序，并输入程序的第一行，如图 3-64 所示。

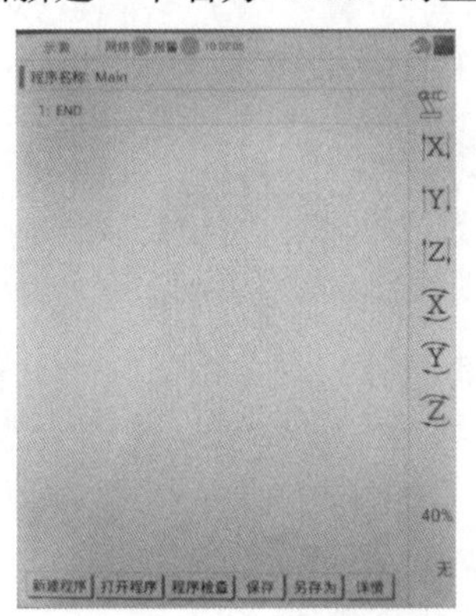

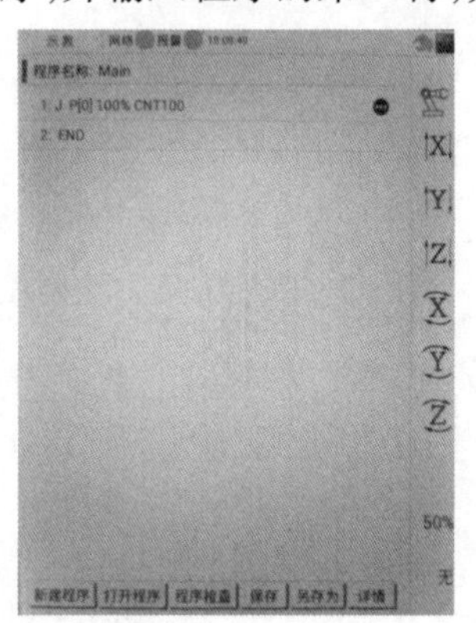

图 3-64　新建主程序

②点击 END 行，在弹出的指令类型选择菜单中选择“流程控制指令”选项，选择子程序调用指令“CALL ... 1”选项，在可编辑指令行“CALL ... 1”中选择“ ... ”后，下方弹出了子程序选择列表，选择子程序“Comp_ZhiXian”，最后点击界面右下角的“确认”按钮返回示教界面，第二行程序输入完成，如图 3-65 所示。

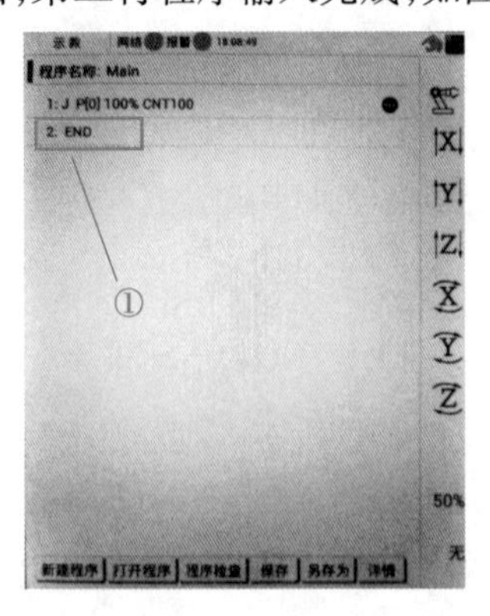

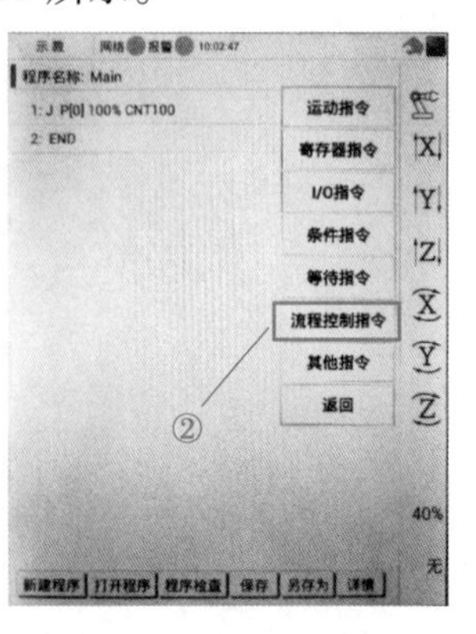

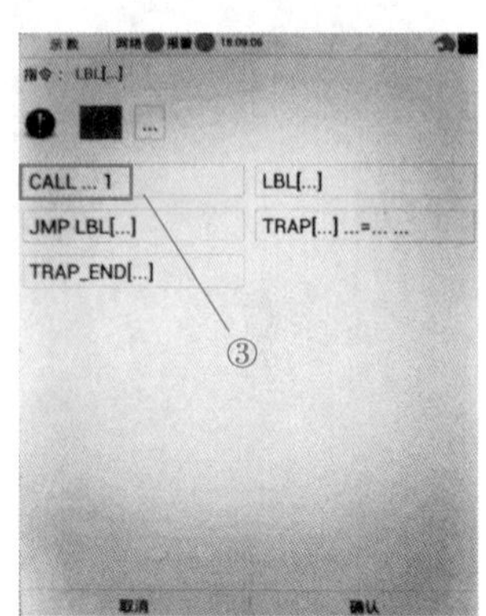

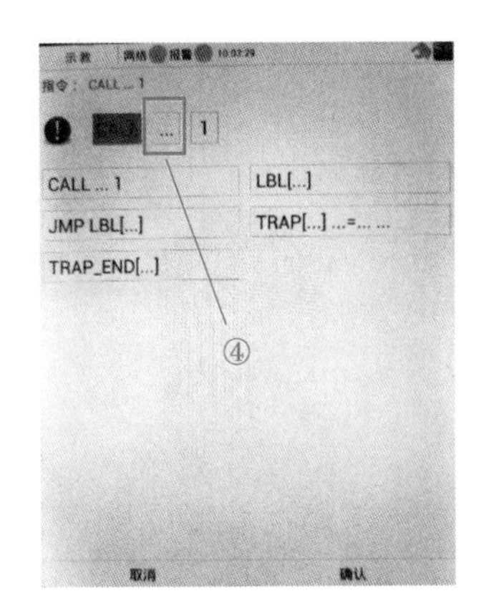

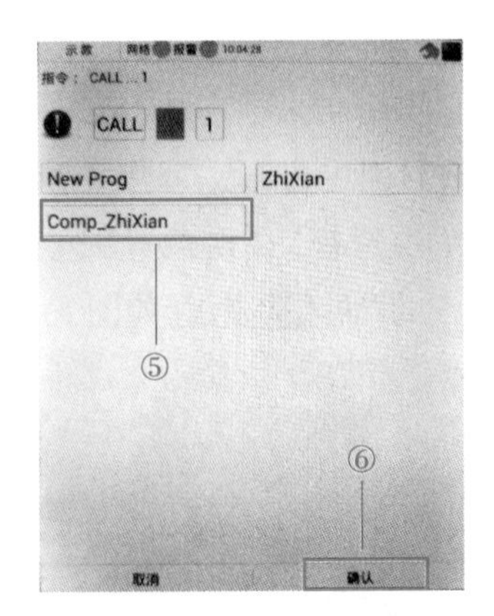

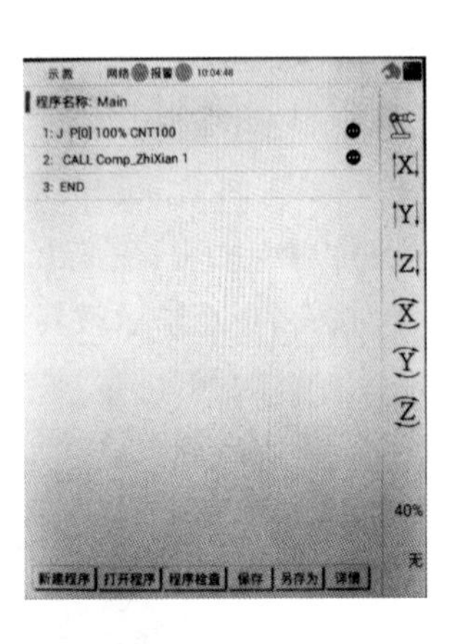

图 3-65　调用路径点坐标计算程序

③按照相同的方法调用绘制直线轨迹程序“CALL ZhiXian”,如图 3-66 所示。

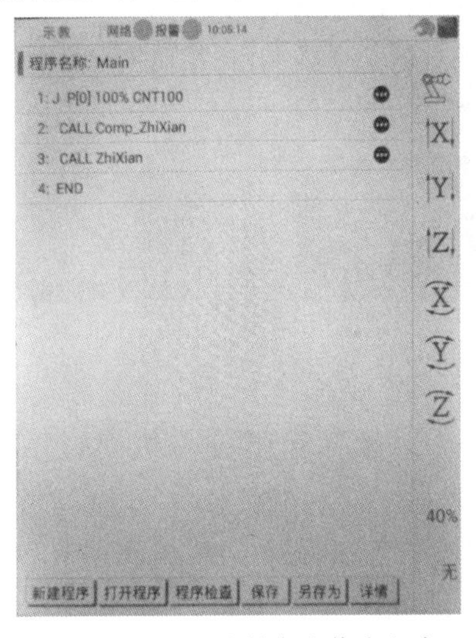

图 3-66　调用绘制直线轨迹程序

④把第一行程序“复制”后“粘贴”至最后一行,程序输入完成。点击下方的“保存”按钮保存程序,如图 3-67 所示。

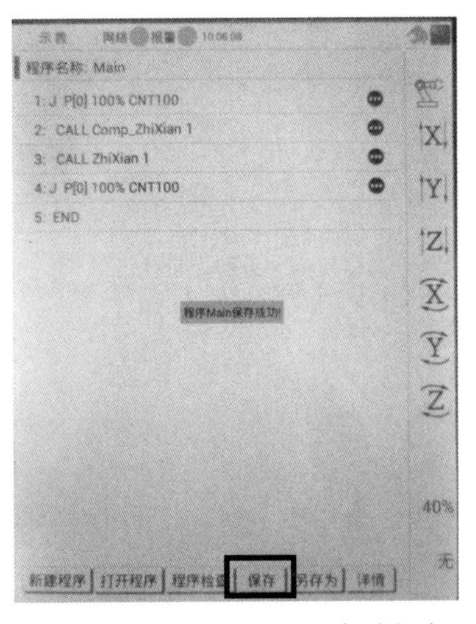

图 3-67　输入最后一行程序并保存

3. 路径点示教

(1)示教参考点 P0

示教操作

使机器人回到参考点,在示教界面中打开主程序。点击第 1 行或第 4 行最右边的“●”按钮,在弹出的菜单中选择“替换位置”选项,确认无误后点击“确定”按钮,再点击示教界面下方的“保存”按钮,如图 3-68 所示。

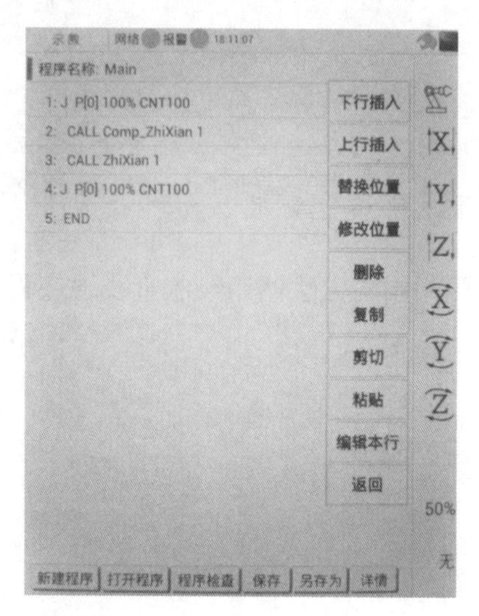

图 3-68　示教参考点 P0

(2)示教计算基准点 P3

调整好机器人的姿态,将笔尖移动至 P3 点与纸面轻轻接触。在示教界面打开程序“Comp_ZhiXian”,点击位置寄存器 PR[3]的任意一行,在弹出的菜单中选择“替换位置”选项,如图 3-69 所示。弹出位置寄存器选择对话框,选择“PR[3]”。系统继续弹出确认对话框,确认无误后点击“确定”按钮,如图 3-70 所示。再点击示教界面下方的“保存”按钮,完成以上操作后主程序示教完成。子程序不需要示教。

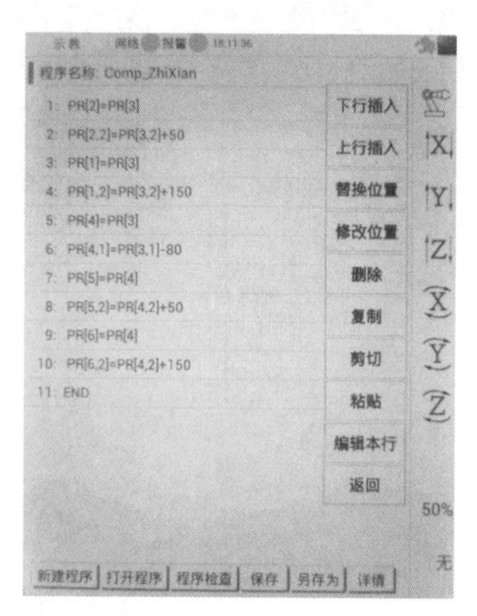

图 3-69　移动机器人并计算基准点 P3

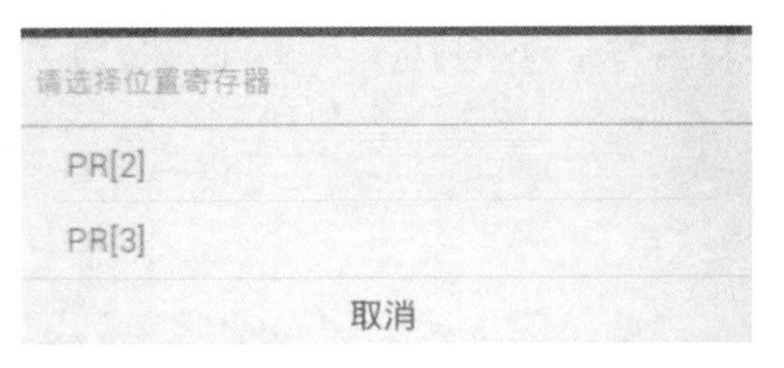

图 3-70　完成基准点 P3 的示教

4. 程序调试与运行

在自动界面加载主程序进行调试即可。具体操作步骤参见项目二任务二的相应内容。

▶任务练习

(1)完成图 3-71 所示图形的路径绘制、路径点编号,再进行程序编写、示教与调试。

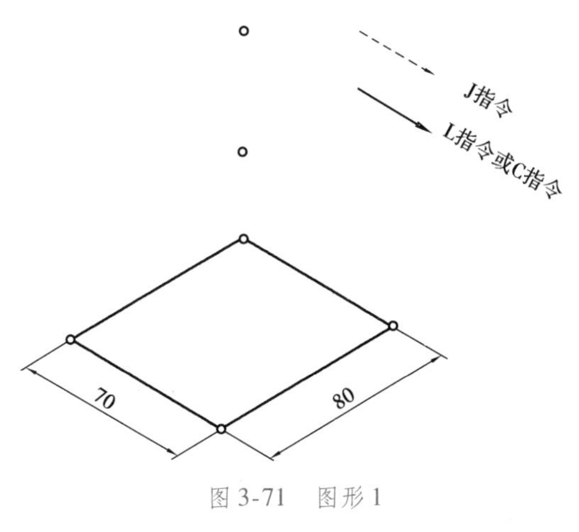

图 3-71　图形 1

(2)完成图3-72所示图形的路径绘制、路径点编号,再进行程序编写、示教与调试。

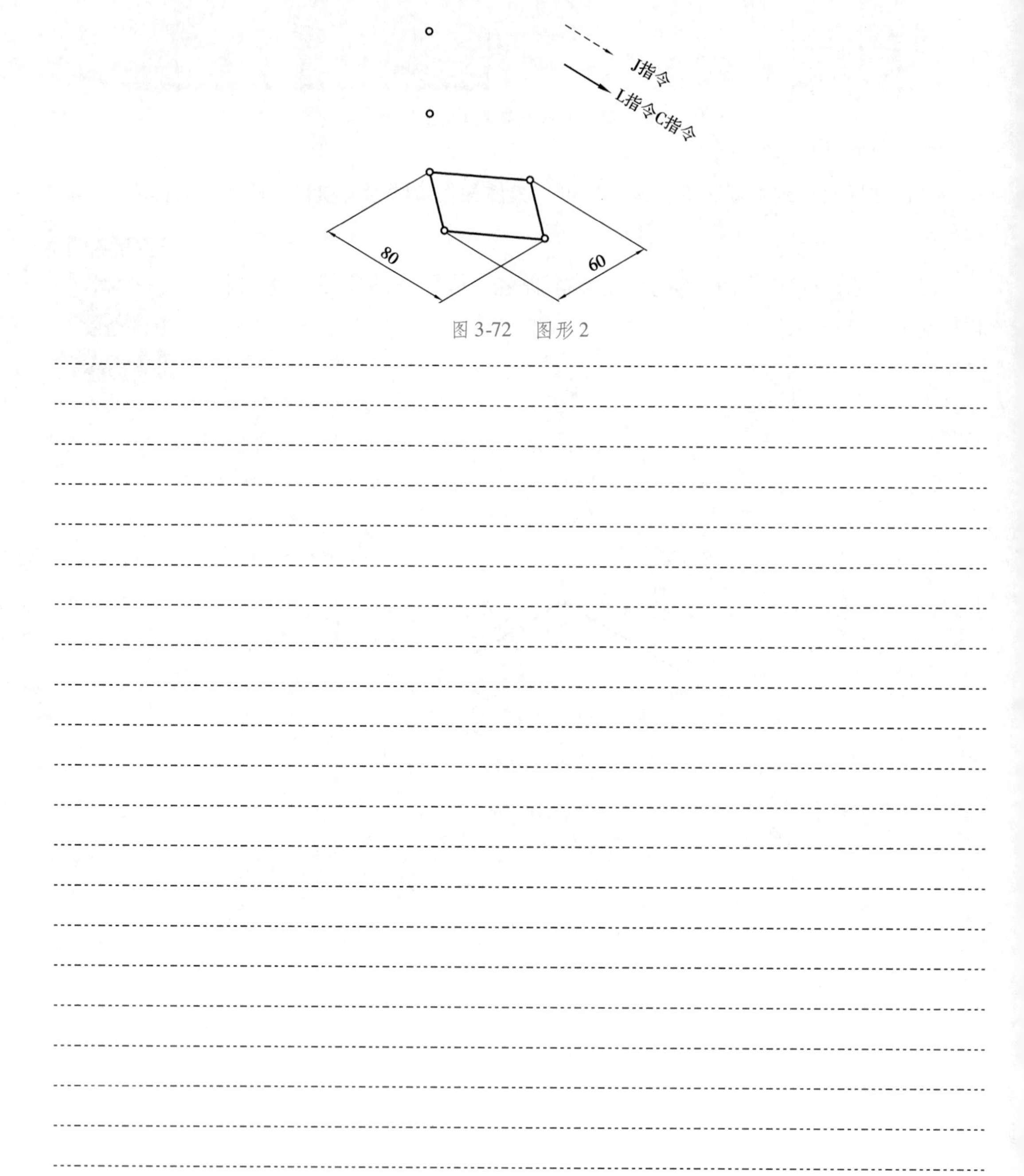

图3-72　图形2

(3)完成图3-73所示图形的路径绘制、路径点编号,再进行程序编写、示教与调试。

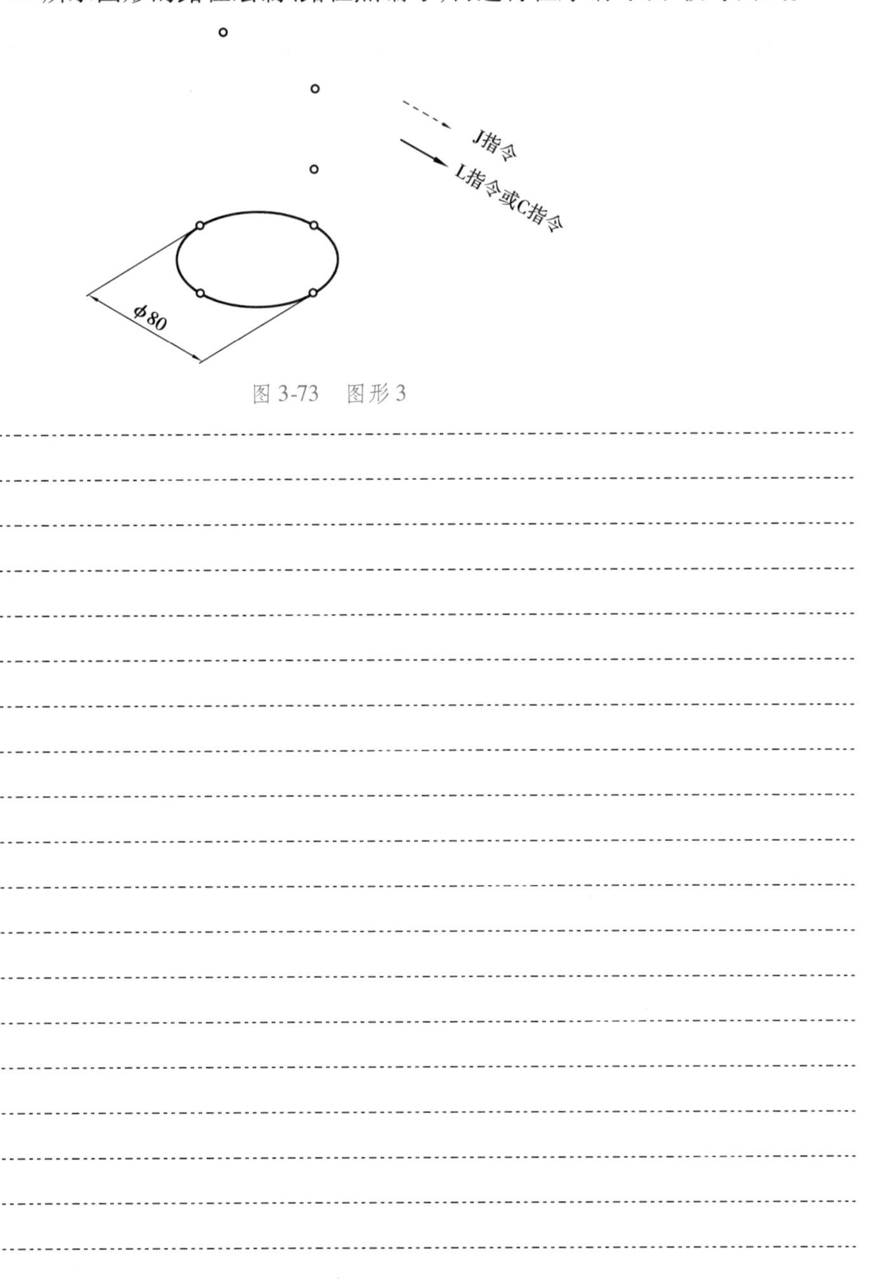

图3-73　图形3

▶任务评价

完成本任务的学习后，教师根据课堂表现、习题练习等情况对学生的学习过程和结果进行评价。

序号	评价要点	得分			
1	行为习惯符合课堂纪律与要求	□优	□良	□中	□差
2	学习资料准备齐全	□优	□良	□中	□差
3	能合理完成任务分解和路径规划	□优	□良	□中	□差
4	能正确编写坐标计算子程序	□优	□良	□中	□差
5	能正确编写主程序与直线轨迹子程序	□优	□良	□中	□差
6	能在规定时间内完成程序的编辑、调试与运行	□优	□良	□中	□差
7	学习效果	□优	□良	□中	□差

▶任务小结

请学生小结本次任务过程中的收获与存在的问题，并提出改进计划，写入下表。

收获	存在的问题	改进计划

任务三　矩阵式图形的编程

▶任务描述

本任务是在任务二的基础上，需结合条件指令和标签指令构成的循环语句，完成四条间距相等的沿 X 方向排列的直线图形的计算程序编写，让学生进一步掌握位置寄存器及其轴指令、条件指令和标签指令的使用。

▶任务准备

准备名称	准备内容	负责人	完成情况
实训工具	工业机器人实训平台、水性笔		
学习资料	教材、任务书、笔记本、练习本、笔		

▶知识准备

一、无条件跳转指令

当程序运行至无条件跳转指令时，将程序无条件跳转到指定的标签处并继续往下执行。无条件跳转指令（JMP）和标签指令（LBL）搭配使用。指令结构如图 3-74 所示。

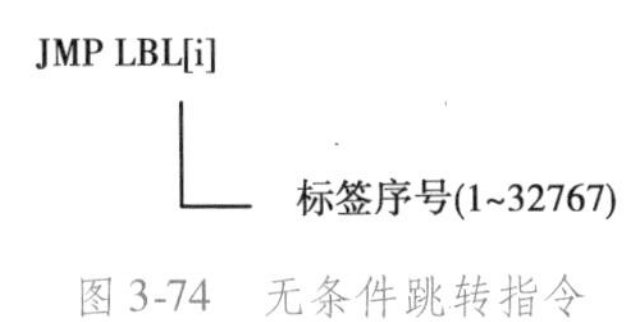

图 3-74　无条件跳转指令

例：JMP LBL[4]

当程序执行此行指令时，程序无条件跳转至标签 LBL[4]处继续往下执行。

二、标签指令

标签指令用于指定程序执行的分支跳转的目标。指令结构如图 3-75 所示。

图 3-75　标签指令

例：LBL[4]

此行语句表示，该行为 4 号标签所在位置。

三、条件指令

条件指令（IF）即条件比较指令，当某些条件满足时，在指定的标签或者程序里产生分支。条件比较指令包括寄存器条件比较指令和输入输出条件比较指令。

指令结构如图 3-76 所示。

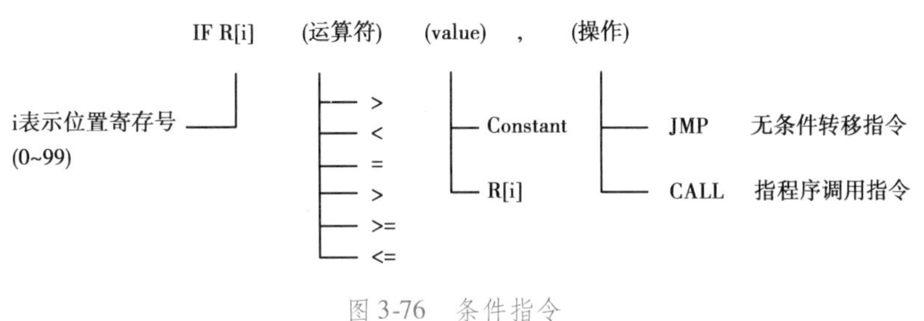

图 3-76　条件指令

条件指令通常和标签指令搭配使用。

示例：如图 3-77 所示程序为一循环程序的其中一部分，主程序开始有初始化程序为 R[1]赋初始值 1。程序运行至该部分程序时，首先进行判断，当 R[1]的值小于 4 时，条件不成立,IF 程序和 LBL [1]之间的程序行被执行;当 R[1]的值大于等于 4 时,条件成立,程序跳转值 LBL [1],不执行 IF 程序和 LBL [1]之间的程序行。

R[1]的初始值为 1,IF 程序和 LBL [1]之间的程序行将被执行 3 次。执行第 3 次时,程序行 R[1] =R[1] +1 使 R[1]的值为 4,条件不成立,直接跳转。

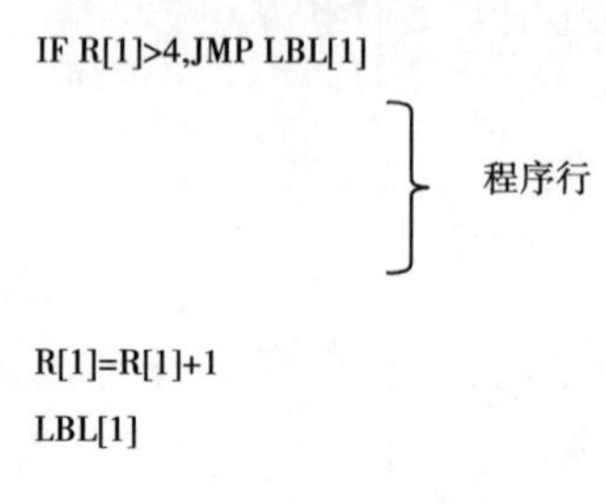

图 3-77　条件指令的应用

四、循环指令

本系统没有提供循环指令,可以使用条件指令和标签指令的组合,写出与循环指令相同功能的程序结构,如图 3-78 和图 3-79 所示。

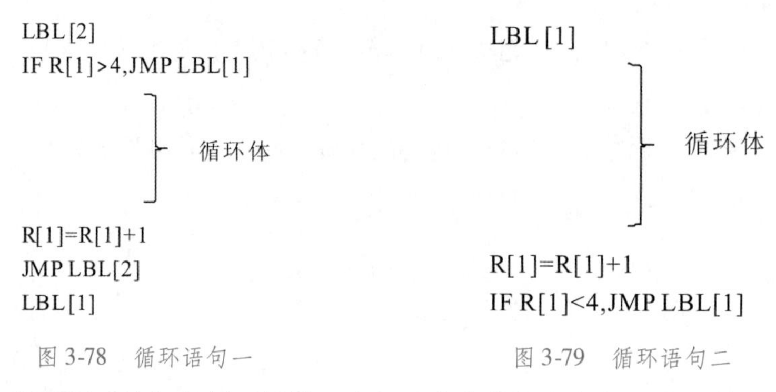

图 3-78　循环语句一　　图 3-79　循环语句二

图 3-78 为先判断后执行的循环结构,图 3-79 为先执行后判断的循环结构。因为图3-79 的方式更简洁,所以把此种结构固定下来,作为循环指令使用,如图 3-80 所示。假设 R[1]初始值为 1,运行至此循环程序时,先执行循环体,R[1]的值增加 1 后进行条件判断,若条件成立,跳转至 LBL [1]继续执行,直至条件不成立而终止循环。

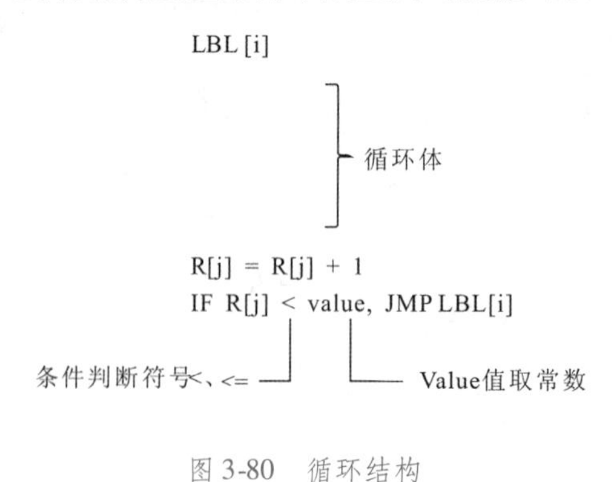

图 3-80　循环结构

▶任务实施

一、任务规划

本任务需要绘制 4 条长度为 50 mm，间隔为 25 mm 的直线，如图 3-81 所示。与任务二一样，本任务只示教参考点 P0 和计算基准点 P3，其余点的坐标用轴指令计算得出。所以，仍然只需要 3 个程序：路径点坐标计算子程序、绘制直线轨迹子程序和主程序。

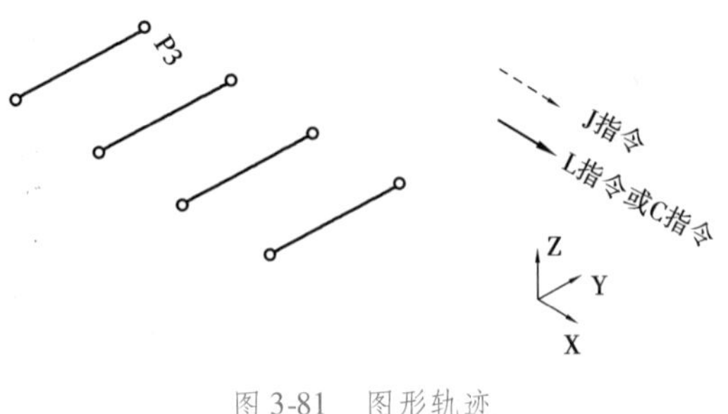

图 3-81　图形轨迹

程序执行时，机器人首先回到参考点 P0。调用路径点坐标计算子程序，计算出第一条直线轨迹的所有路径点坐标，然后调用绘制直线轨迹子程序，按照预定的轨迹运动。第一直线轨迹绘制完成后，再次调用路径点坐标计算子程序，计算出下一条直线轨迹的所有路径点坐标，紧接着调用绘制直线轨迹子程序，按照预定的轨迹运动。如此循环调用两个子程序，直到 4 条轨迹绘制完成。最后回到参考点 P0，结束程序的运行。

工业机器人无法自动知道一共要绘制几条轨迹，已经绘制了几条轨迹，还剩几条轨迹的程序没有运行。这些内容都必须转化为程序语言用指令写到程序里。此任务中用寄存器 R[1]作为绘制轨迹的计数，初始值为 1，绘制完一条轨迹后 R[1]的值增加 1，表示即将进行下一条轨迹的绘制。因为本次任务中一共有 4 条轨迹，所以当 R[1]的值为 5 时，表示所有轨迹已绘制完成，程序应当终止循环，停止运行。主程序的流程图和内容如图 3-82 所示。

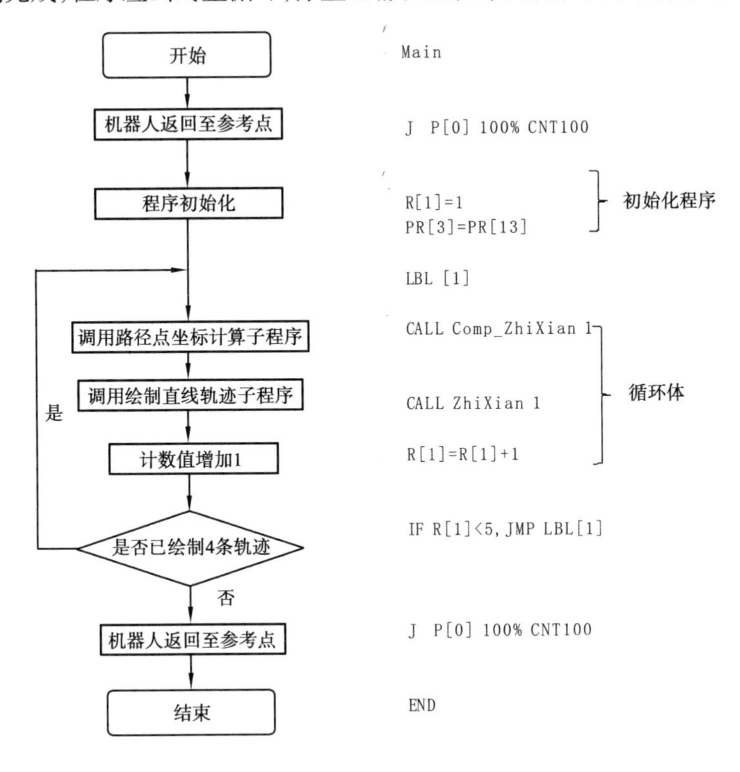

图 3-82　主程序的流程图和内容

二、运动规划及程序编写

1. 轨迹子程序

机器人的动作可分解为“接近轨迹”“沿轨迹运动”“离开轨迹”3 个动作，如图 3-83 所示。

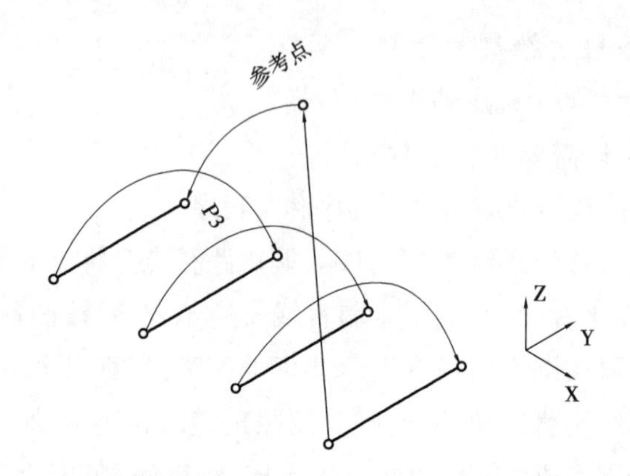

图 3-83　矩阵式轨迹的运动规划

接近轨迹时设定安全点（高度 150）、接近点（高度 50），离开时设定回退点（高度 50）、安全点（高度 150），执行程序时机器人先快速移动至安全点 P1，再快速移动至接近点 P2，最后到达轨迹起点 P3 开始绘制图形，图形绘制完成至其终点 P4，然后，机器人经过返回点 P5 到达安全点 P6。

用虚线箭头（J 指令）和实线箭头（L 指令或 C 指令）绘制出直线和圆弧轨迹的运动路径，并标注出相关位置的尺寸，如图 3-84 所示

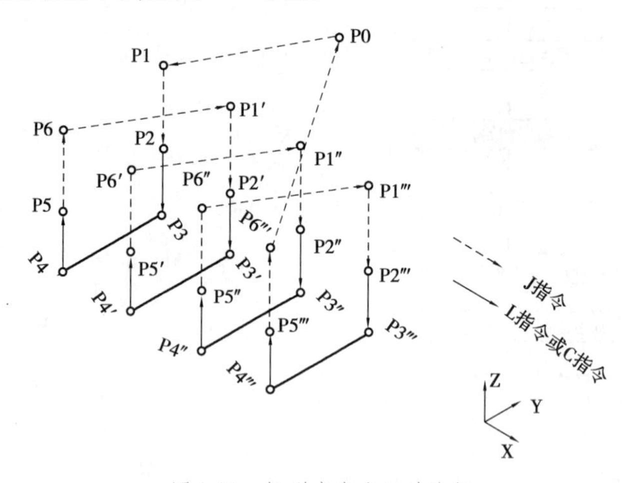

图 3-84　矩形式直线运动路径

绘制直线轨迹子程序的流程图和内容如图 3-85 所示。

2. 编写路径点坐标计算子程序

除了 P0 点和 P3 点以外，其余的点都要用轴指令计算得出，所以一定要注意点与点之间的距离及方向。路径点坐标计算子程序的流程图和内容如图 3-86 所示。

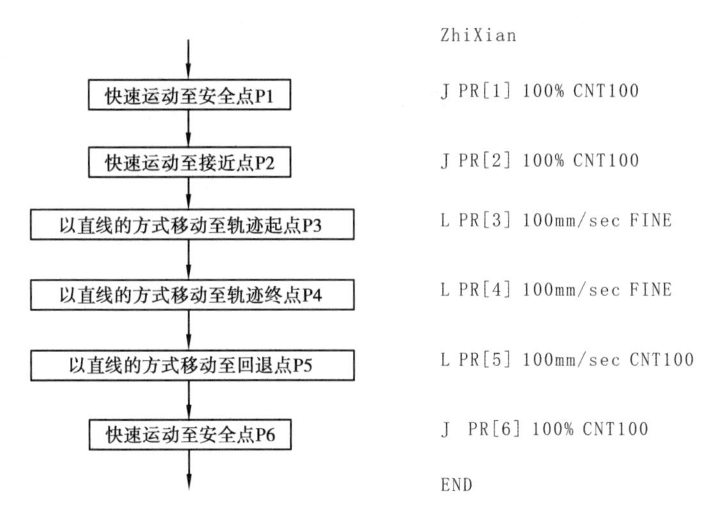

图 3-85　绘制直线轨迹子程序的流程图和内容

示教时 P0 点的坐标存入位置寄存器 PR[0]，但是 P3 点的坐标却不能存入位置寄存器 PR[3]，由图 3-78 所示，P3 是轨迹的起点，也是计算的基准点，当第一条轨迹运行完后，P3 点的 X 坐标值要增加 25 以定位至第二条轨迹的起点 P3′，再由 P3′点计算出轨迹上其余的路径点坐标。以此循环，直到主程序停止运行。为此，示教把 P3 点坐标存入位置寄存器 PR[13]，在初始化程序中写入如下程序行：PR[3] = PR[13]。

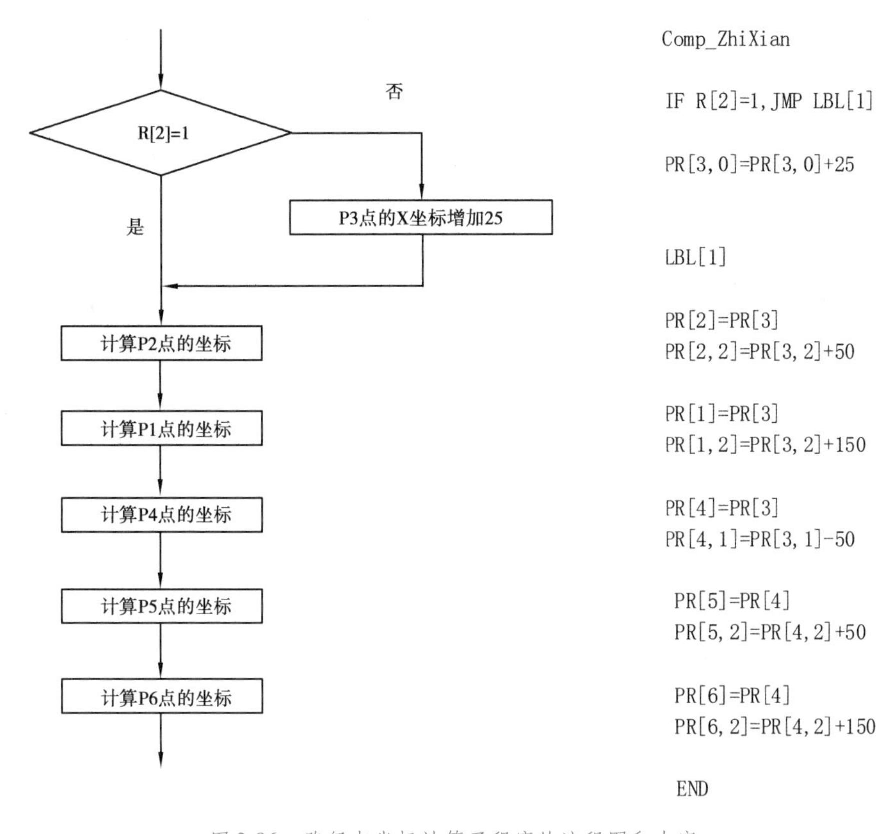

图 3-86　路径点坐标计算子程序的流程图和内容

友情提示

在示教和坐标计算时,把路径点的编号和所使用的位置寄存器号相对应,这样可避免混淆,见表3-1。

表3-1　路径点

路径点	P1	P2	P3		P4	P5	P6
对应位置寄存器号	PR[1]	PR[2]	PR[3]	PR[13]	PR[4]	PR[5]	PR[6]

三、示教与调试

示教前的准备　输入程序

1.示教前的准备

示教前的准备工作参见项目二任务三中对应部分的内容。

2.输入程序

先输入子程序,再输入主程序,输入后的程序如图3-87—图3-89所示。

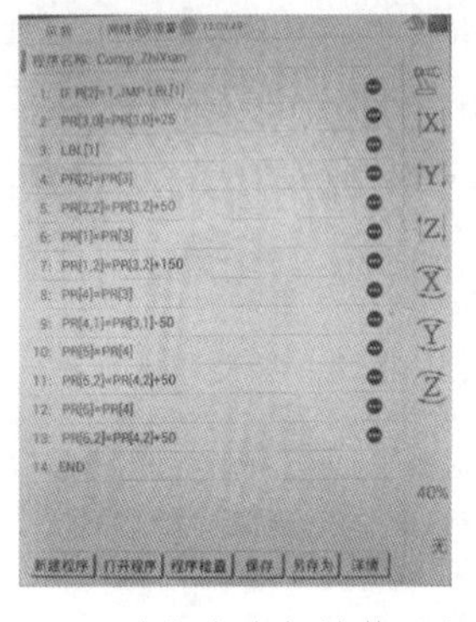

图3-87　路径点坐标计算子程序

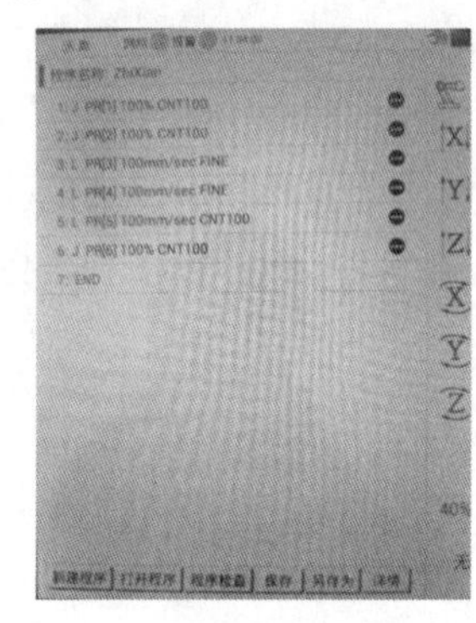

图3-88　绘制直线轨迹子程序

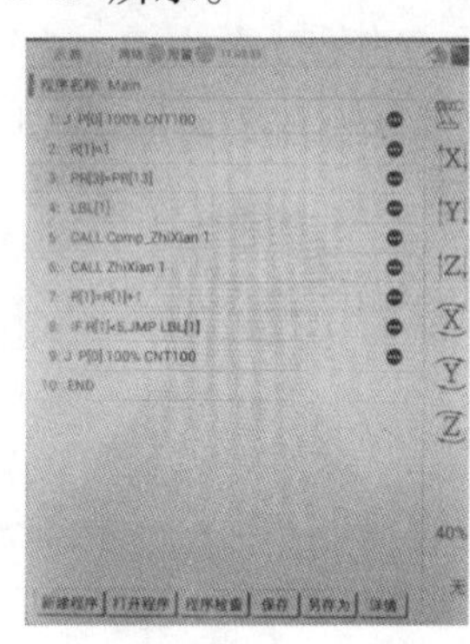

图3-89　主程序

3.路径点示教

示教参考点P0和计算基准点P3。具体方法同前。

4.程序调试与运行

在自动界面加载主程序进行调试即可。具体方法同前。

示教操作　程序调试与运行

▶任务练习

(1)完成图3-90所示图形的路径绘制、路径点编号,再进行程序编写、示教与调试。

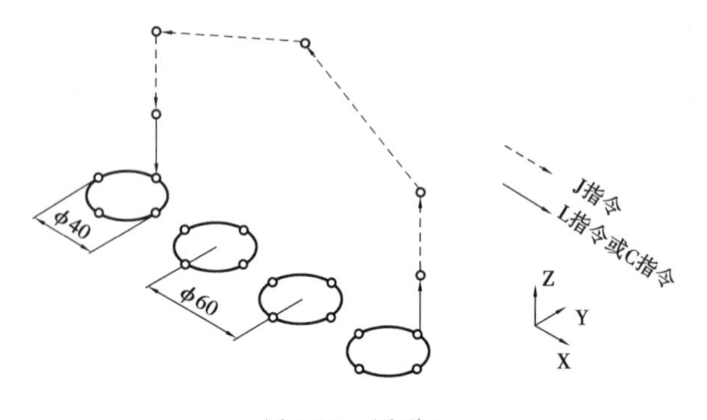

图3-90　图形1

（2）完成图 3-91 所示图形的路径绘制、路径点编号，再进行程序编写、示教与调试。

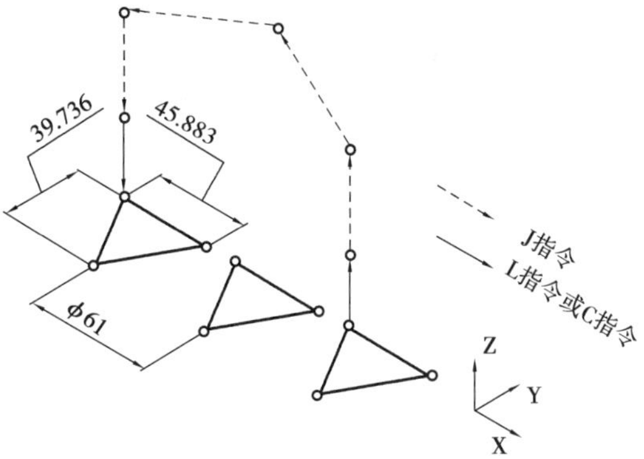

图 3-91　图形 2

▶任务评价

完成本任务的学习后，教师根据课堂表现、习题练习等情况对学生的学习过程和结果进行评价。

序号	评价要点	得分			
1	行为习惯符合课堂纪律与要求	□优	□良	□中	□差
2	学习资料准备齐全	□优	□良	□中	□差
3	能合理分解任务	□优	□良	□中	□差
4	能完成轨迹路径的合理规划	□优	□良	□中	□差
5	能正确编写主程序与子程序	□优	□良	□中	□差
6	能在规定时间内完成程序的编辑、调试与运行	□优	□良	□中	□差
7	学习效果	□优	□良	□中	□差

▶任务小结

请学生小结本次任务过程中的收获与存在的问题，并提出改进计划，写入下表。

收获	存在的问题	改进计划

▶技能提高

在本项目任务三中，计算轨迹起点时采用的是累加的形式，及计算下一条轨迹的 P3 点坐标值时是在上一条轨迹的 P3 点 X 坐标值的基础上增加 25。其实，还有其他的方法可以完成任务三中路径点坐标计算子程序的编写。

以第 1 条直线为基准，第 1 条直线与它自己在 X 方向上的距离为 0，第 2 条直线与第 1 条直线在 X 方向上的距离为 25，第 3 条直线与第 1 条直线在 X 方向上的距离为 50，第 4 条直线与第 1 条直线在 X 方向上的距离为 75。每一条直线与第 1 条直线的距离是一个公差为 25 的等差数列，因此，在路径点坐标计算子程序中可以用编程指令写出等差数列的通项公式。

等差数列的通项公式为：$a_n = a_1 + (n-1)d$，其中 $a_1 = 0$，$d = 25$，n 为直线轨迹的编号。所以：

$$a_n = (n-1) \times 25$$

在运用机器人编程指令编写程序时，用寄存器 R[1] 替换公式中的 n，初始值为 1。两种方法的路径点坐标计算子程序如图 3-92 所示。

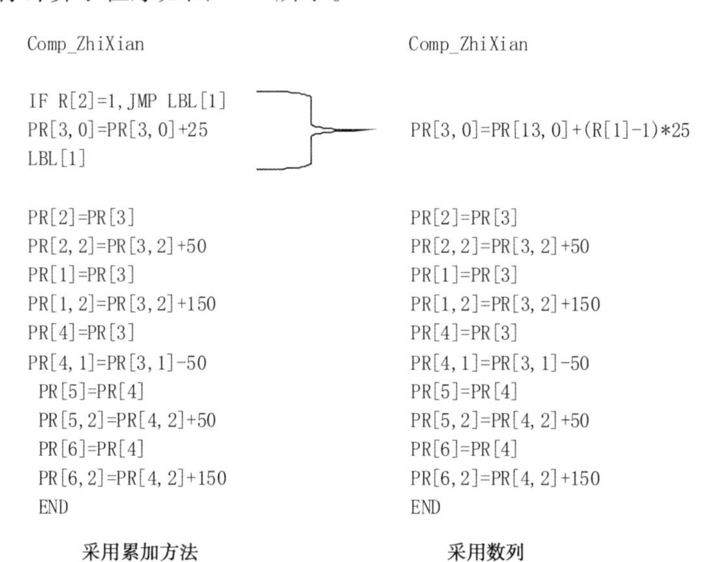

```
Comp_ZhiXian

IF R[2]=1,JMP LBL[1]
PR[3,0]=PR[3,0]+25
LBL[1]

PR[2]=PR[3]
PR[2,2]=PR[3,2]+50
PR[1]=PR[3]
PR[1,2]=PR[3,2]+150
PR[4]=PR[3]
PR[4,1]=PR[3,1]-50
PR[5]=PR[4]
PR[5,2]=PR[4,2]+50
PR[6]=PR[4]
PR[6,2]=PR[4,2]+150
END
```

采用累加方法

```
Comp_ZhiXian

PR[3,0]=PR[13,0]+(R[1]-1)*25

PR[2]=PR[3]
PR[2,2]=PR[3,2]+50
PR[1]=PR[3]
PR[1,2]=PR[3,2]+150
PR[4]=PR[3]
PR[4,1]=PR[3,1]-50
PR[5]=PR[4]
PR[5,2]=PR[4,2]+50
PR[6]=PR[4]
PR[6,2]=PR[4,2]+150
END
```

采用数列

图 3-92 两种方法的路径点坐标计算子程序

把 1 赋值给 R[1]，从 1 开始计数只是为了符合我们在日常生活当中的习惯。如果把 0 赋值给 R[1]，从 0 开始计数可以进一步简化程序，如图 3-93 所示。

```
Comp_ZhiXian

PR[3,0]=PR[3,0]+R[1]×25

PR[2]=PR[3]
PR[2,2]=PR[3,2]+50
PR[1]=PR[3]
PR[1,2]=PR[3,2]+150
PR[4]=PR[3]
PR[4,1]=PR[3,1]-50
PR[5]=PR[4]
PR[5,2]=PR[4,2]+50
PR[6]=PR[4]
PR[6,2]=PR[4,2]+150
END
```

图 3-93 简化后的程序

项目四

搬运编程与操作

本项目将介绍物料搬运的编程与操作，使学生能熟练完成工装夹具的调整，能根据任务要求标定工件坐标系，完成工业机器人搬运作业的编程、操作与调试。

□ 知识目标

1. 了解工件坐标系标定的方法；
2. 了解等待指令、I/O 指令；
3. 了解工业机器人的工作流程；
4. 掌握工业机器人位置数据的形式、意义及记录方法。

□ 技能目标

1. 能手动打开与关闭 I/O 信号；
2. 能正确建立工件坐标系；
3. 能运用相关指令完成物料搬运程序的编写和调试；
4. 能根据现场情况对夹具及其附件进行调节。

□ 思政目标

1. 激发学生的学习兴趣，训练学生良好的操作习惯，培养学生严谨的学习态度；
2. 培养学生好学向上、积极动手、团结协作、吃苦耐劳等良好品质；
3. 培养学生的 7S 职业素养。

任务一　工作坐标系标定

▶任务描述

本任务主要介绍工件坐标系的标定与修改方法，通过工件坐标系的标定与修改练习，让学生掌握工件坐标系的设定。

▶任务准备

准备名称	准备内容	负责人	完成情况
实训工具	工业机器人实训平台、水性笔		
学习资料	教材、任务书、笔记本、练习本、笔		

▶知识准备

工件坐标系是由用户在工件空间定义的一个笛卡尔坐标系。工件坐标系包括X、Y、Z、A、B、C 6个用来表示其位置和姿态的数据。X、Y、Z用来表示距原点(基坐系的原点)的位置，A、B、C用来表示绕X、Y、Z轴(基坐标系的3个轴)旋转的角度(姿态)。

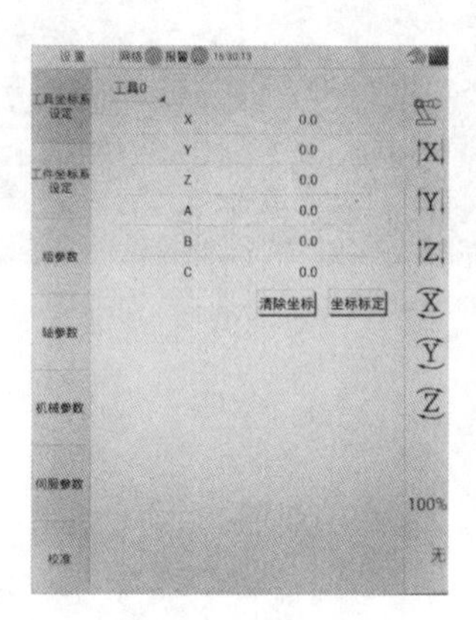

图4-1　设置界面

一、工件坐标系及数据查看

点击示教器操作界面的左上角，在弹出的菜单中选择“设置”，进入设置界面，如图4-1所示，选择“工件坐标系设定”选项，进入工件坐标系界面，如图4-2所示。默认显示的是工件0及其原点坐标值。工件0表示的是0号工件坐标系；X、Y、Z的值都为0，表示0号坐标系的原点与基坐标系的原点在X、Y、Z方向上的距离都为0；A、B、C的值为0，表示0号工件坐标系绕基坐标系的X、Y、Z轴旋转的角度为0。也就是说0号坐标系与基坐标系是重合的，不能对0号工件坐标系进行标定操作。

点击“工件0”按钮，弹出工件坐标系选择列表，如图4-3所示。系统里有16个工件坐标系，只有工件1—工件15可以进行标定。

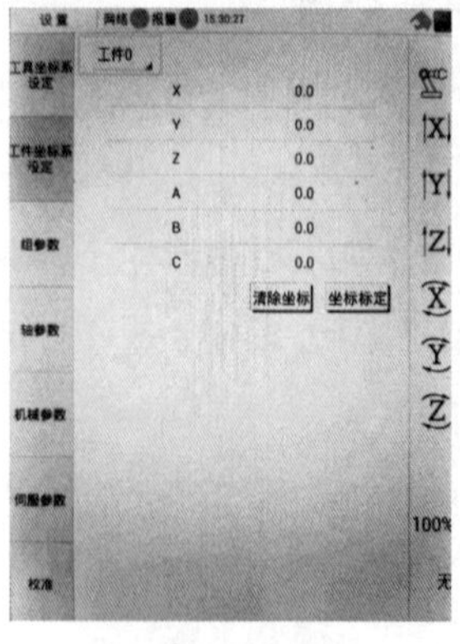

图4-2　工件坐标系界面

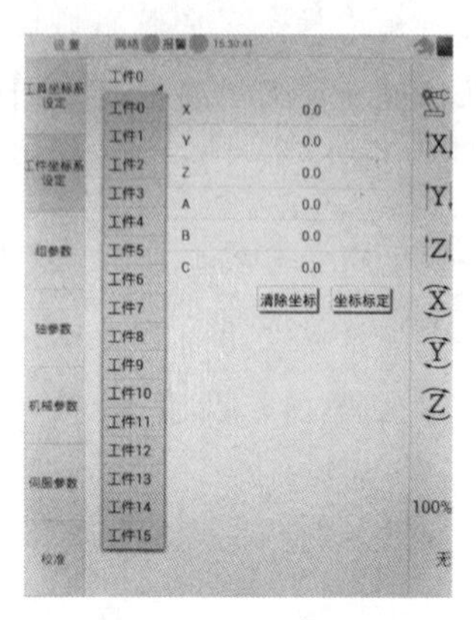

图4-3　工件坐标系号选项卡

二、工件坐标系标定方法

1. 三点标定法

将第一个标定点定为工件坐标系的绝对原点，将工具沿工件坐标系 + X 方向移动一定距离作为 X 方向延伸点，再从工件坐标系 XOY 平面第一或第二象限内选取任意点作为 Y 方向延伸点，如图 4-4 所示。由此 3 个点计算出工件坐标系。

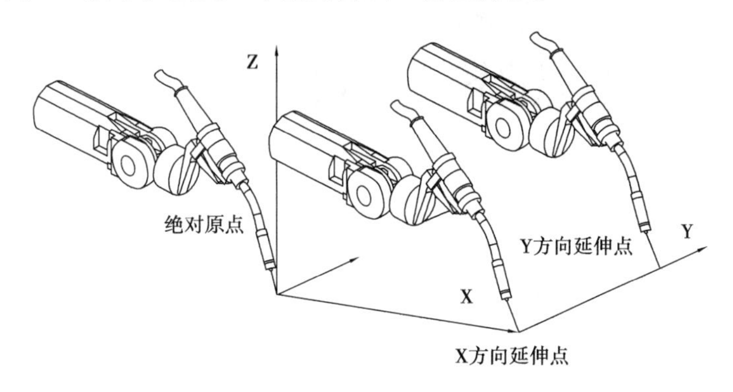

图 4-4　三点标定法

2. 四点标定法

将第一个点作为相对原点，将工具 TCP 沿工件坐标系 + X 方向移动一定距离作为 X 方向延伸点，再从工件坐标系 XOY 平面第一或第二象限内选取任意点作为 Y 方向延伸点，最后操作机器人到第四个点，作为绝对原点，如图 4-5 所示。由此 4 个点计算出工件坐标系。

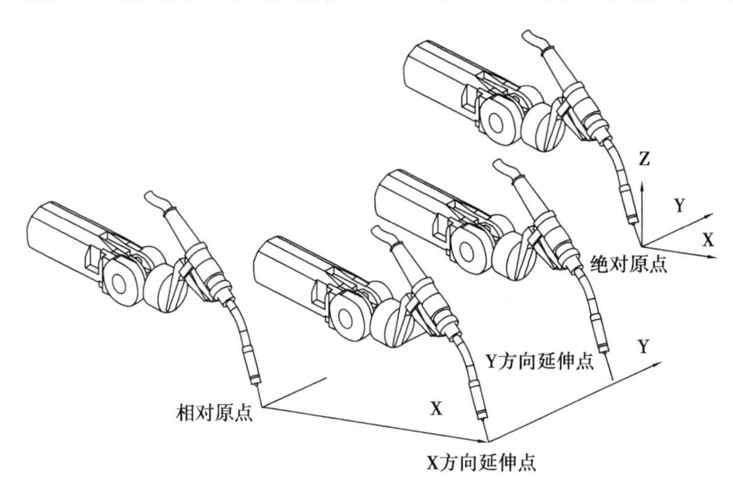

图 4-5　四点标定法

▶任务实施

一、安装料仓

如图 4-6 所示，把料仓用螺钉固定在工作台上，并将工作台旋转一个角度，以此来练习工件坐标系的标定。在本任务中不需要抓取物料，所以物料可以放置于料仓内，也可以在后面的任务中放置。

图 4-6　料仓倾斜放置

二、标定工件坐标系

标定工件坐标系

1. 调整机器人姿态

调整好机器人的姿态，如图 4-7 所示。

2. 选择与确认操作模式

进入手动界面，坐标模式选择“基坐标”模式，工具坐标系选择“工具 0”，工件坐标系选择“工件 0”，如图 4-8 所示。

图 4-7　标定前的姿态调整

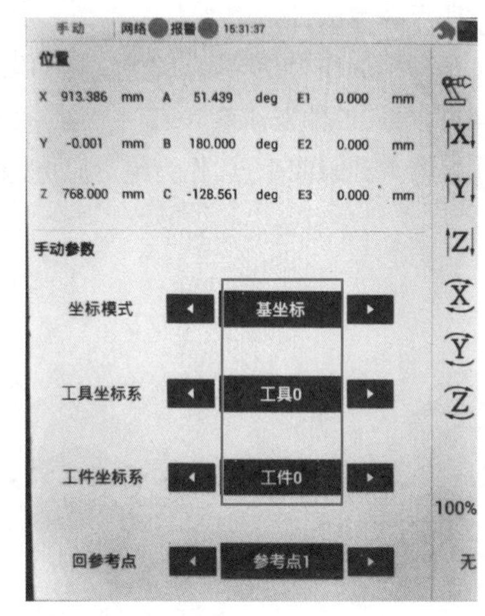

图 4-8　标定前选择坐标系模式

3. 选择与标定工件坐标系号

> 友情提示
>
> 在标定坐标系时，标定用的笔在 Z 方向上与绝对原点、X 方向延伸点和 Y 方向延伸点这 3 个点的距离要一致，在相互垂直的两个方向（X、Y 方向）上观察，笔尖都要位于白色圆锥台的中间，如图 4-9 所示。
>
> 一定要仔细，标定后的坐标系精度越高，在使用过程中越不容易出问题。

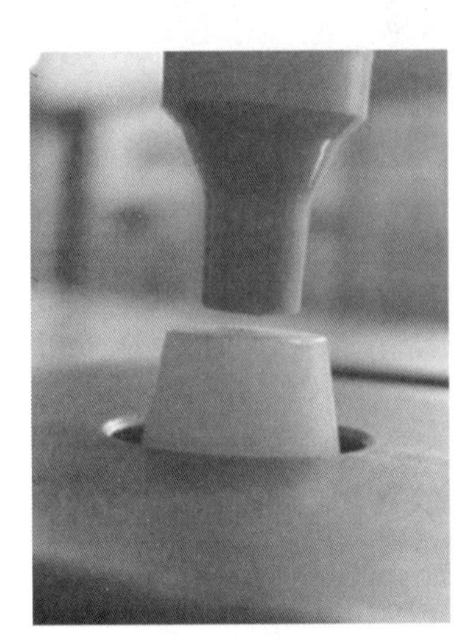
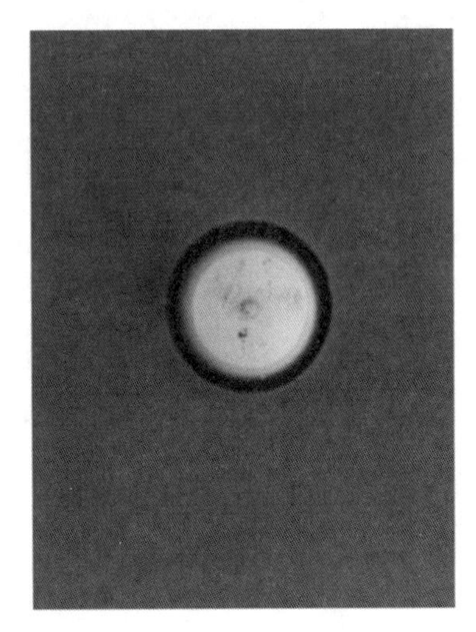

图 4.9　标定工具与标定点的相对位置状态

①在设置界面的“工件坐标系设定”选项卡中选择要标定的工件坐标系号，如果该坐标系已经有数据存在，点击“清除坐标”按钮清除当前数据，如图 4-10 所示。

②再点击“坐标标定”按钮，弹出图 4-11 所示对话框，标定方法默认为“三点标定”。

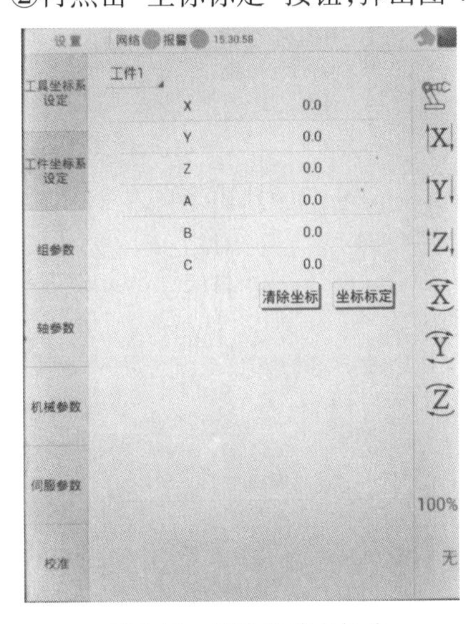

图 4-10　清除当前坐标值

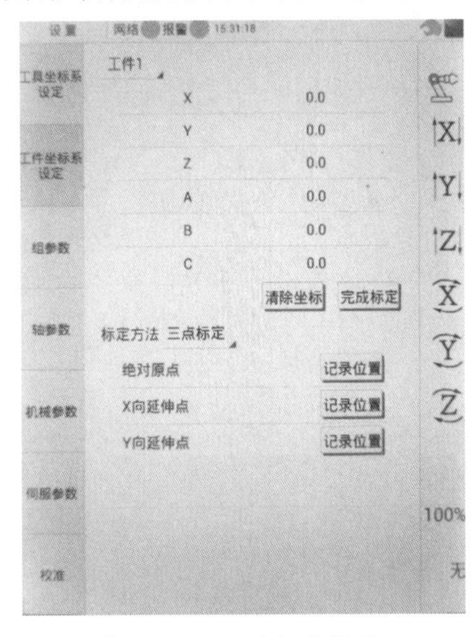

图 4-11　三点法标定界面

③在基坐标模式下将工具末端移动到 Y 方向延伸点并记录数据，如图 4-12 所示。

④在基坐标模式下将工具末端移动到绝对原点并记录数据，如图 4-13 所示。

⑤在基坐标模式下将工具末端移动到 X 方向延伸点并记录数据，如图 4-14 所示。

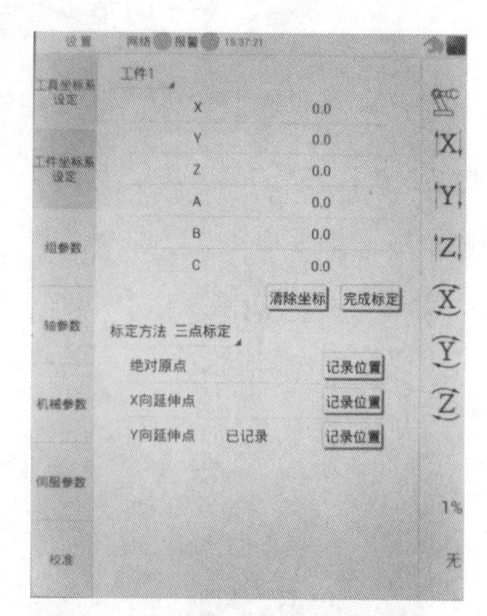

图 4-12　Y 方向延伸点

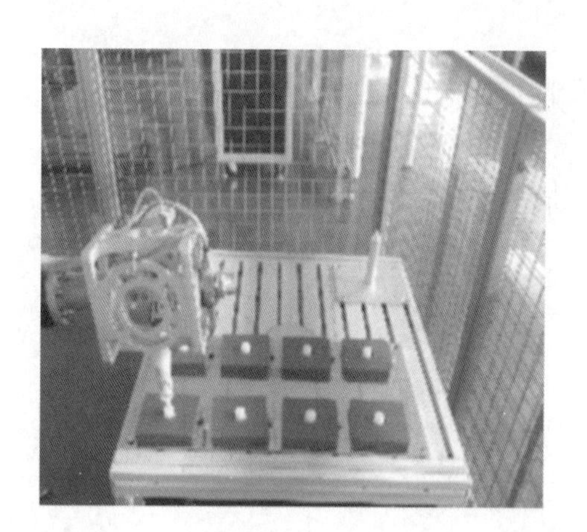

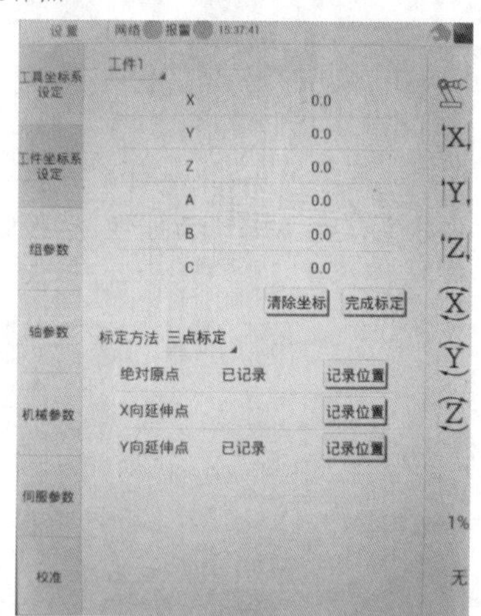

图 4-13　绝对原点

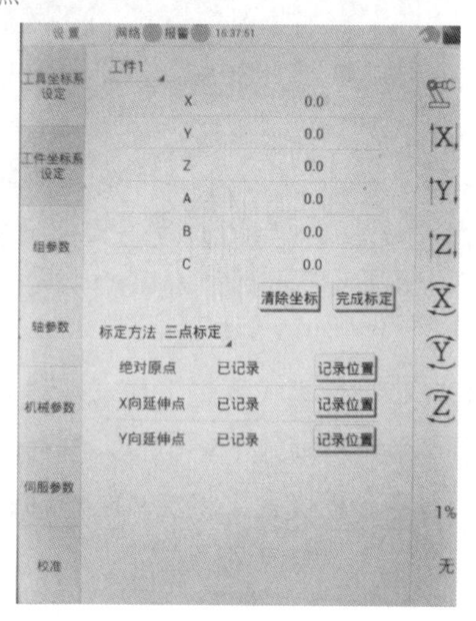

图 4-14　X 方向延伸点

⑥3 个点位置数据记录完成后点击“完成标定”按钮，机器人由此 3 点计算出工件坐标系原点在基坐标系下的位置和姿态，标定后的数据如图 4-15 所示。

友情提示

在对以上 3 个点进行标定时，X 方向延伸点、Y 方向延伸点一定要符合右手笛卡尔坐标系原则，确保 Z 坐标的正方向是向上的。如果随意标定，导致 Z 坐标的正方向向下，这与我们的操作习惯不符，在使用中很容易发生碰撞。另外，对 3 个点的记录顺序并没有规定，只要在 3 个点都记录数据就能完成标定。

4. 检测坐标系标定结果

标定结束后务必要对标定的结果进行检测。在示教界面把坐标模式切换为“工件坐标”模式，工件坐标选择标定的“工件 1”，如图 4-16 所示。选择坐标模式后，以适当的倍率移动机器人，在料仓选择合适的参照以检测坐标系标定的精度。

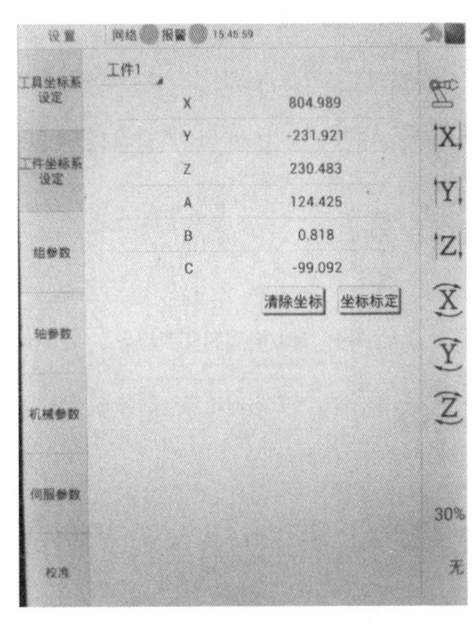

图 4-15　完成标定后的结果

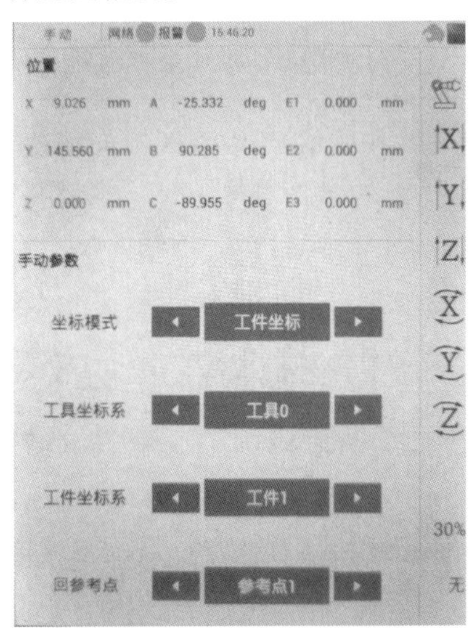

图 4-16　使用标定的工件坐标系

本任务选择料仓中的白色圆锥台为参照。把机器人沿着 X 或 Y 方向移动至 4 个角落的白色圆锥台，在只移动一个方向的情况下，观察笔尖是否位于白色圆锥台的中间，其在 4 个角落的高度是否一致。如果在 4 个角落都能位于圆锥台中间且高度一致，则工件坐标系标定成功。如果有偏差，则进行误差调整即可。

5. 调整坐标系标定误差

在修改前务必将标定后的坐标数据记录下来，以备恢复初始值时使用。

对于工业机器人的坐标系，在示教编程时最重要的是各轴的移动方向，并非工件坐标系原点的位置。在对坐标系的误差进行调整时只对姿态数据（A、B、C）进行调整即可。

如图 4-17 所示，当沿着 X 方向移动的误差较大时，应当对 C 坐标值进行调整。调整时根据笛卡尔右手坐标系的定义，判断出是应该增大还是应该减少 C 坐标值，反复调整直到满足要求。

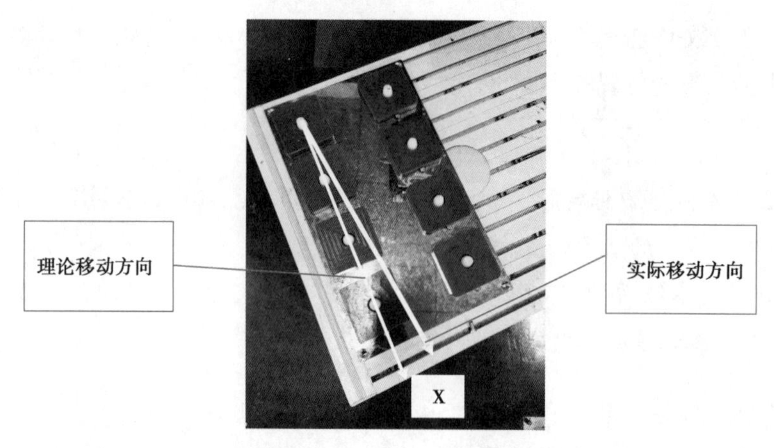

图 4-17　X 方向误差调整

友情提示

在实际使用中可以先把 C 坐标值做出较大的调整,增大或减小均可,以观察变化趋势。清楚变化趋势后,再对坐标值进行反复调整。

如图 4-18 所示,当沿着 X 方向移动时的高度误差较大时,应当对 B 坐标值进行调整。

图 4-18　XZ 平面高度误差检查

如图 4-19 所示,当沿着 Y 方向移动时的高度误差较大时,应当对 A 坐标值进行调整。

图 4-19　YZ 平面高度方向误差调整

▶任务练习

由教师现场指定工件坐标系位置及方向,学生在规定时间内完成工件坐标系的标定和误差调整。

▶任务评价

完成本任务的学习后,教师根据课堂表现、习题练习等情况对学生的学习过程和结果进行评价。

序号	评价要点	得分			
1	行为习惯符合课堂纪律与要求	□优	□良	□中	□差
2	学习资料准备齐全	□优	□良	□中	□差
3	能在规定时间内标定出合格的工件坐标系	□优	□良	□中	□差
4	能快速对标定后的工件坐标系进行误差调整	□优	□良	□中	□差
5	学习效果	□优	□良	□中	□差

▶任务小结

请学生小结本次任务过程中的收获与存在的问题，并提出改进计划，写入下表。

收获	存在的问题	改进计划

任务二　气缸控制与传感器位置调整

▶任务描述

本任务将介绍夹具的调整与控制，使学生学会 I/O 信号的使用，能调整传感器位置。

▶任务准备

准备名称	准备内容	负责人	完成情况
实训工具	工业机器人实训平台、水性笔		
学习资料	教材、任务书、笔记本、练习本、笔		

▶知识准备

I/O 指令

I/O(输入/输出)指令用于操作 I/O 的状态(读取输入或设置输出)。

(1)数字输入指令

数字输入指令的格式如图 4-20 所示。

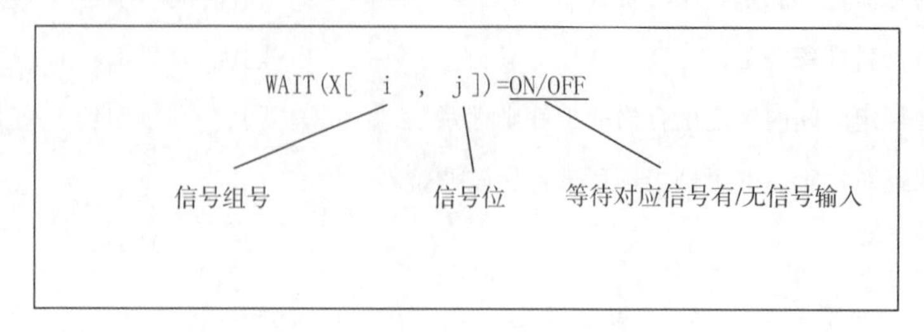

图 4-20 数字输入指令格式

示例:WAIT X[2.6]=ON。

(2)数字输出指令

数字输出指令的格式如图 4-21 所示。

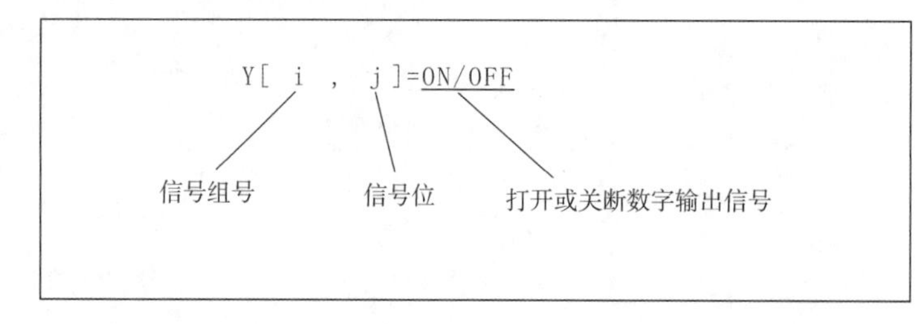

图 4-21 数字输出指令格式

Y[i,j]=ON/OFF 指令把 ON=1/OFF=0 赋值给指定的数字输出信号,驱动相应的执行机构动作。

示例:Y[1.1]=ON;Y[R[i],1]=OFF。

▶任务实施

一、信号显示与设置

①点击示教器操作界面的左上角,在弹出的菜单中选择"IO 信号"选项,进入 I/O 信号界面,如图 4-22 所示。

在该界面时,默认显示的是输入信号界面,软件会自动刷新信号状态并显示。该界面分为左、中、右三列。左边一列为输入/输出信号选择,中间列为信号组的选择,每一组又分为 8 个信号,右边一列显示出当前组信号的状态。

图 4-22 所示选择的是 X00 组,此时右边一列显示了 X0.0~X0.7 共 8 个信号,X0.0 旁边的指示灯为点亮状态,表示 X0.0 有信号输入。图 4-23 所示选择的是 X02 组,可以看到 X2.6 有信号输入。

②点击左边一列的"输出信号(Y)"选项,进入图 4-24 所示界面。默认显示的是 Y00 组的信号及状态。

③在中间列选择输出信号 Y01 组,进入如图 4-25 所示界面。在此界面可以对相应的信号进行设置(打开/关闭),首先解开相应的"锁",再点击相应的信号,即可修改信号的状态。

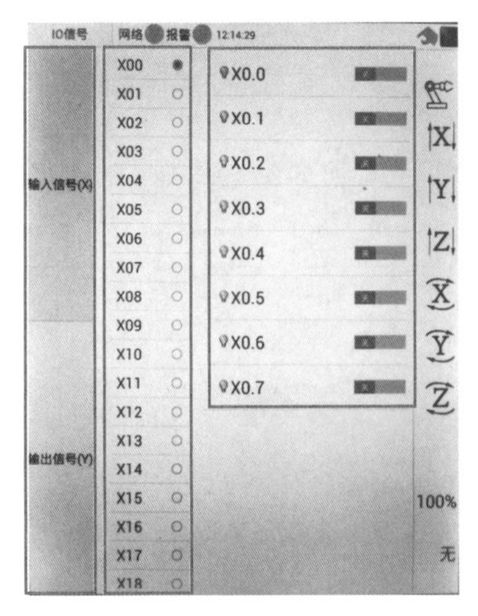

图 4-22　I/O 信号界面

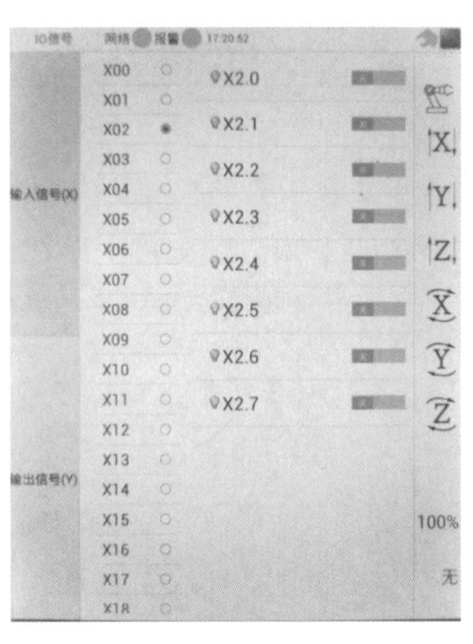

图 4-23　输入信号

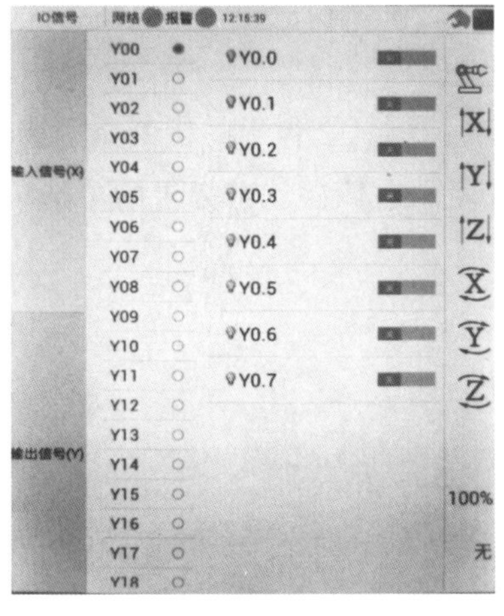

图 4-24　输出信号

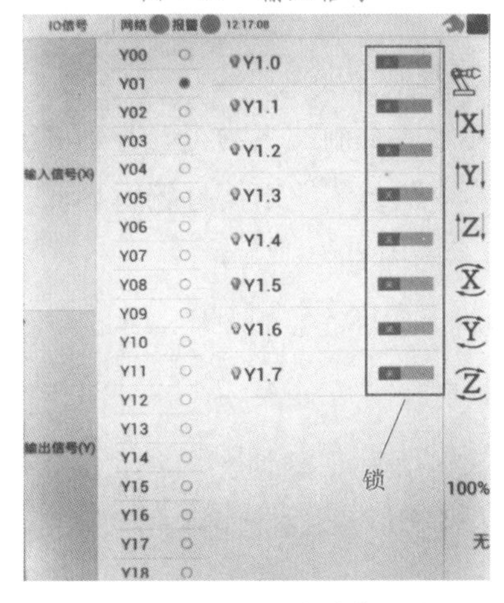

图 4-25　信号手动触发开关

④如图 4-26 所示，点击信号 Y1.4 所在行右边的“锁”，切换为“开”状态。点击“锁”和 Y1.4 之间的空白区域，信号 Y1.4 的输出状态改变，Y1.4 旁的指示灯点亮，表示 Y1.4 有信号输出，如图 4-27 所示。同时，可以看到机器人的气动手指动作。

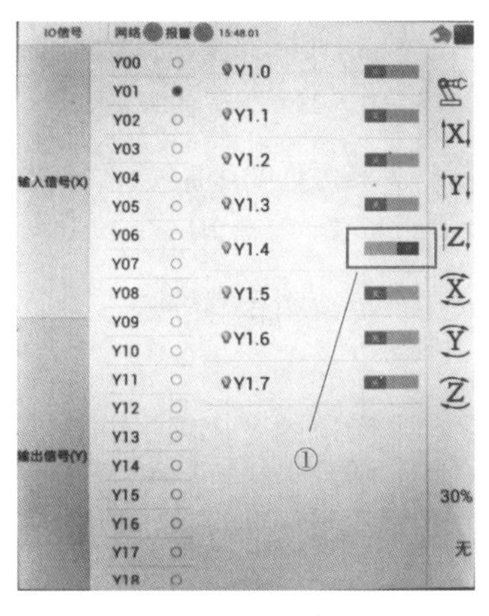

图 4-26　开关打开

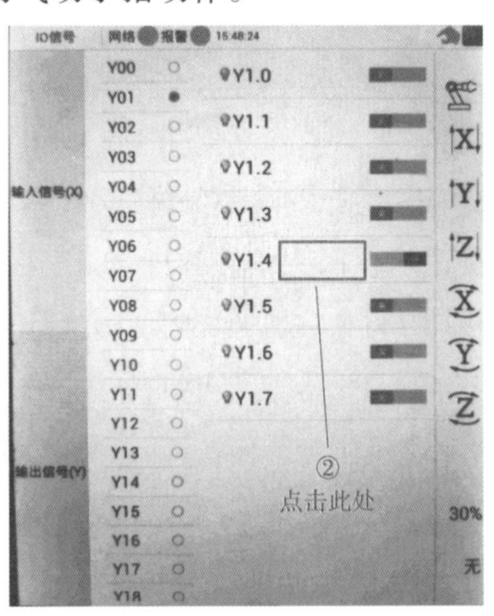

图 4-27　手动触发点击范围

⑤再次点击“锁”和 Y1.4 之间的空白区域，把信号 Y1.4 恢复为初始状态。

> 友情提示
>
> 只有在信号锁处于打开状态时，点击“锁”和 Y1.4 之间的空白区域，才能改变相应信号的输出状态。

二、输入 I/O 指令

本系统控制气动手爪的 I/O 信号分配见表 4-1。

表 4-1　地址分配表

序号	地址分配	说明
1	Y[1.4]	气动手爪控制信号
2	X[2.6]	气动手爪张开到位
3	X[2.7]	气动手爪夹紧到位

①在示教界面新建名为“IO_Test”的程序，点击 END 行，在弹出的指令类型选择菜单中选择“IO 指令”，进入输出信号编辑界面，如图 4-28 所示。依次点击旁边的可选项，输入如图 4-29 所示的内容。

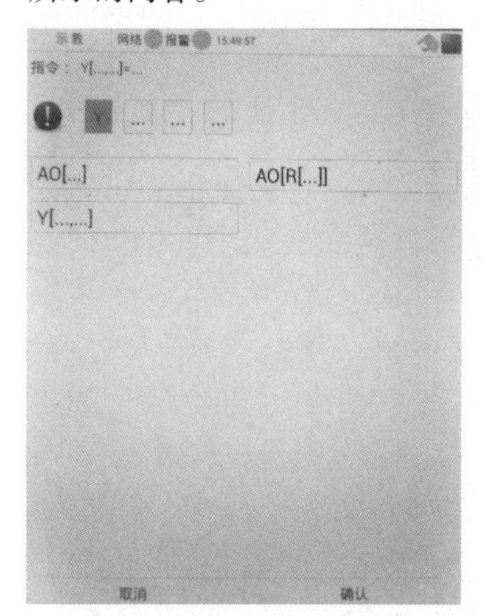

图 4-28　输出信号编辑界面

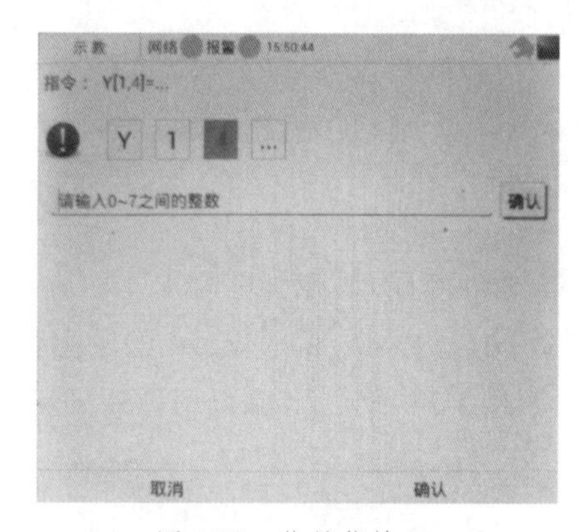

图 4-29　信号位输入

②在菜单中点击最后一个可选项，在下方的列表中选择“ON”选项，如图 4-30 所示。点击“确定”按钮后返回到示教界面，如图 4-31 所示。

③点击 END 行，在弹出的指令类型选择菜单中选择“等待指令”选项，。

④选择“WAIT… = …”选项，如图 4-32 所示。

⑤选择“X[…,…]”选项，如图 4-33 所示。依次点击旁边的可选项，如图 4-34 所示，输入“X[2,4]”。

⑥在图 4-34 所示界面中点击最后一个可选项，在下方的列表中选择“ON”选项，点击“确定”按钮，如图 4-35 所示，返回到示教界面，程序内容如图 4-36 所示。

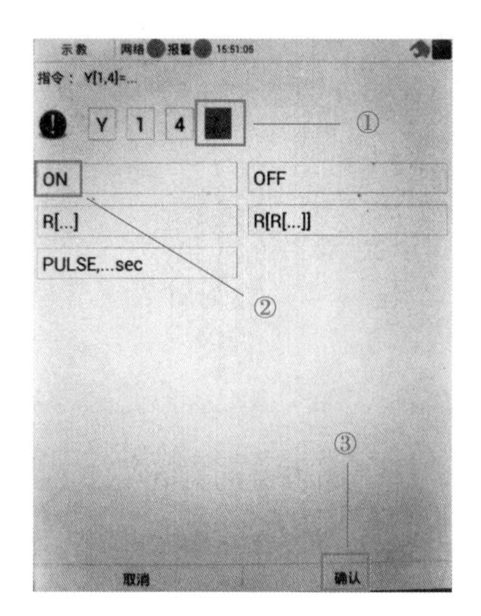

图 4-30　选择输出状态

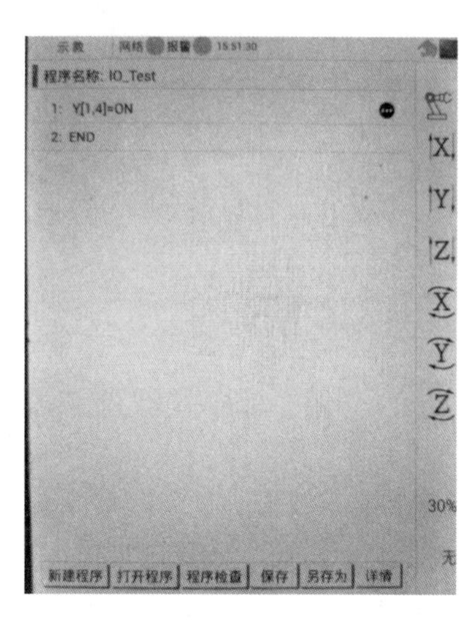

图 4-31　输出信号

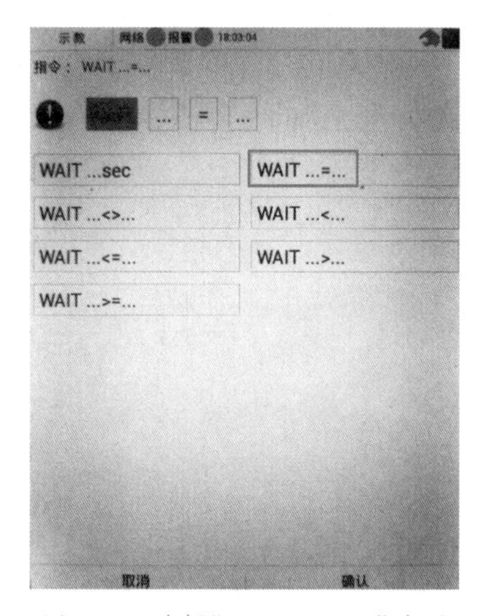

图 4-32　选择"WAIT... = ..."选项

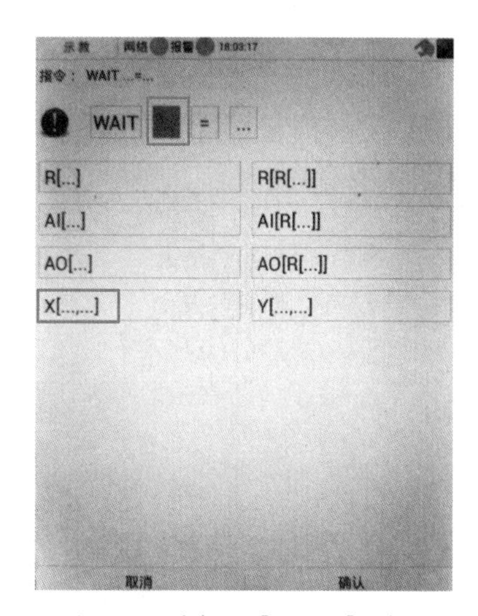

图 4-33　选择"X[...,...]"选项

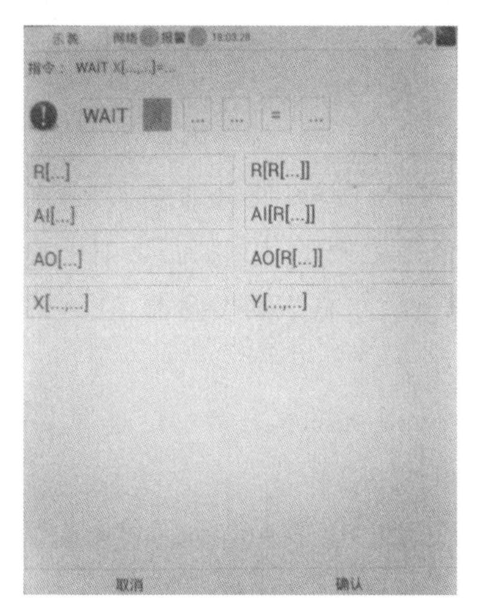

图 4-34　编辑界面

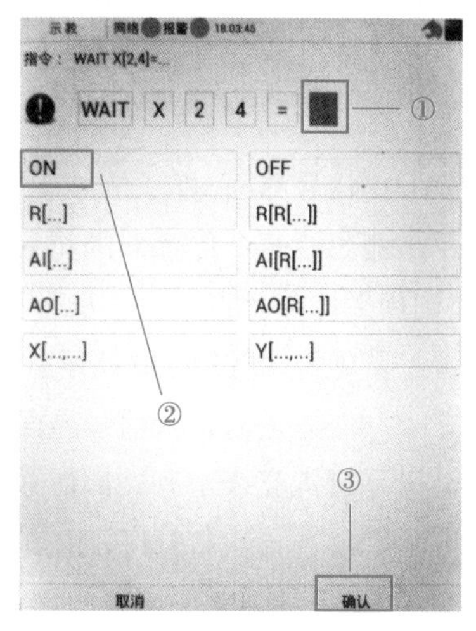

图 4-35　选择"ON"选项

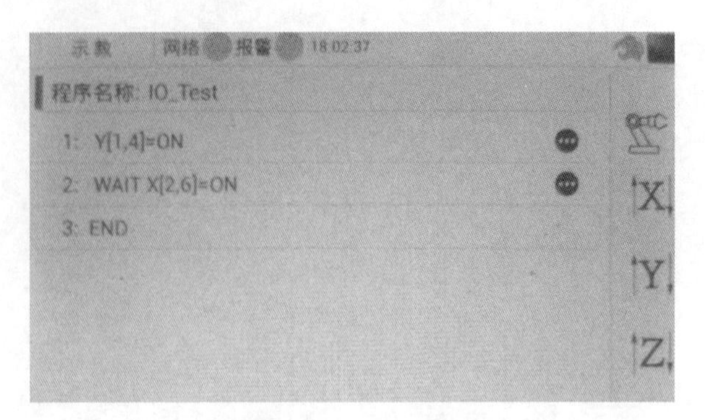

图 4-36　程序内容

三、调整传感器位置

默认情况下气动手爪处于张开状态,在气动手爪侧面的两个传感器的指示灯中有一个应处于点亮状态。

①进入输入信号界面,可以看到信号 X2.6 旁的状态指示灯亮起,表示有外部信号输入,如图 4-37 所示。如果传感器的指示灯未亮,则用平口螺丝刀松开传感器上的紧定螺钉。左右移动传感器,在传感器指示灯点亮的位置拧紧螺钉,如图 4-38 所示。

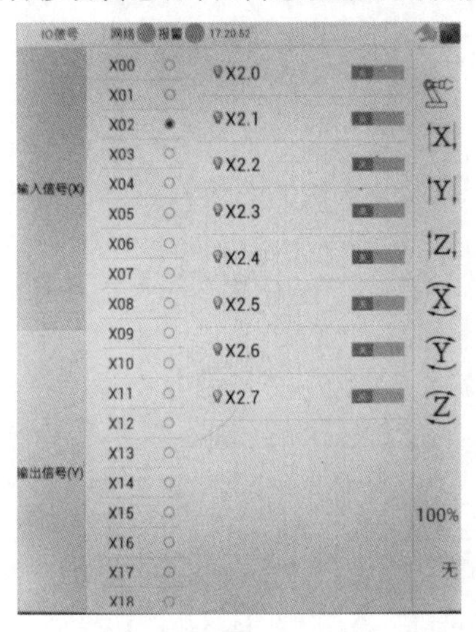

图 4-37　输入信号界面

图 4-38　松开/夹紧到位检测传感器

②进入 I/O 信号界面,打开信号 Y[1,4],如图 4-39 所示,使气动手爪夹持一块物料。检查气动手爪侧面的两个传感器的指示灯中另一个是否处于点亮状态。如果传感器的指示灯未亮,则用平口螺丝刀松开传感器上的紧定螺钉。左右移动传感器,在传感器指示灯点亮的位置拧紧螺钉,如图 4-40 所示。

调整传感器位置

③进入输入信号界面,查看信号 X2.7 旁的状态指示灯是否点亮,状态指示灯点亮表示有外部信号输入,一切正常。

④再次打开/关闭信号 Y[1,4],并观察传感器指示灯和输入信号 X2.6、X2.7 是否能正常显示。

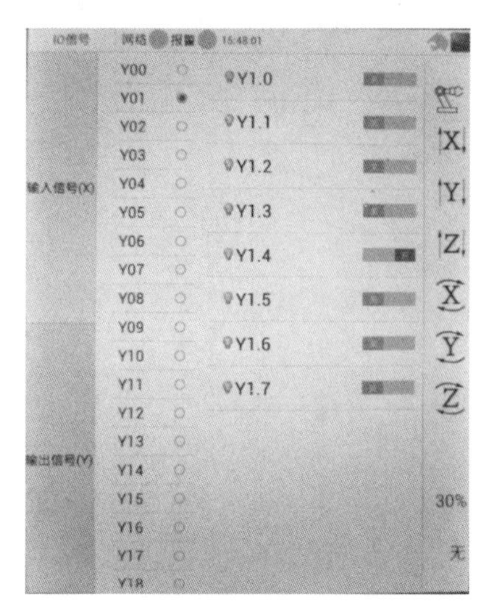

图 4-39　输入信号界面

图 4-40　张开到位检测传感器位置调整

▶任务练习

调节气缸磁性传感器的位置，并记录本组控制气缸的输入/输出信号。

序号	地址分配	说明
1		
2		
3		

▶任务评价

完成本任务的学习后，教师根据课堂表现、习题练习等情况对学生的学习过程和结果进行评价。

序号	评价要点	得分			
1	行为习惯符合课堂纪律与要求	□优	□良	□中	□差
2	学习资料准备齐全	□优	□良	□中	□差
3	能独立完成传感器位置的调整	□优	□良	□中	□差
4	学习效果	□优	□良	□中	□差

▶任务小结

请学生小结本次任务过程中的收获与存在的问题，并提出改进计划，写入下表。

收获	存在的问题	改进计划

任务三　搬运示教编程

▶任务描述

本任务需使用工业机器人把物料搬运至指定位置。在整个过程中要完成夹具的调试、坐标系的标定与调整、计算程序和轨迹程序的编写。整个任务的内容是对前面所学知识的综合运用。

▶任务准备

准备名称	准备内容	负责人	完成情况
实训工具	工业机器人实训平台、水性笔		
学习资料	教材、任务书、笔记本、练习本、笔		

▶任务实施

一、任务规划

机器人在进行物料搬运时，从指定的料仓中抓取物料，搬运至指定位置释放，机器人反复执行此过程，直到物料搬运完成，如图 4-41 所示。

同时，实训平台所使用的料仓，其放料位置呈两行两列规则排列，在本次任务中的取料顺序也是有序的，所以采用位置寄存器轴指令计算物料位置坐标的方式编写抓取程序，可以提高效率。

综上所述，可以把物料搬运任务分解为 3 个子任务：取料坐标计算、料仓取料、指定位置放料。原则上一个子任务即为一个子程序。

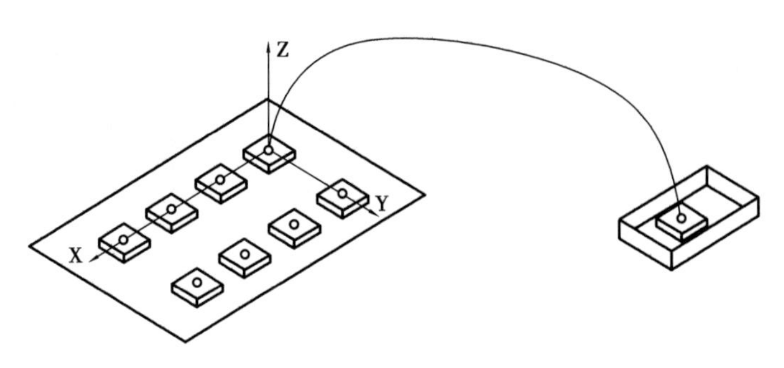

图 4-41　搬运示意图

二、运动规划及程序编写

> 友情提示
>
> 物料在料仓内有规律排列时，可以采用的编程方式有很多。
>
> ● 坐标修改方式：此方法程序编写简单。缺点是一旦后期出现位置偏差，必须逐点修改，费时费力。优点在于，当物料抓取或摆放没有规律时，此方法简单高效。
>
> ● 位置寄存器轴指令计算方式：此方法对程序编写的要求较高，要能够根据实际情况对变量进行调整。在抓取和摆放有规律时，建议采用此种方式。但是，对于没有规律的情况，不建议采用这样的方式编程。

1. 主程序规划及程序编写

运行程序时，机器人先从当前位置回到参考点，调用初始化程序，把相关变量进行初始化操作。然后依次调用取料坐标计算程序、取料程序和放料程序，完成第一块物料的取料与放料操作。

第一块物料搬运完成后，再次调用取料坐标计算程序，计算出下一块物料的取料路径点，紧接着调用取料程序，按照预定的轨迹完成取料与放料动作。如此循环，直到所有物料搬运完成。最后回到参考点 P0，结束程序的运行。主程序的流程图和内容如图 4-42 和图 4-43 所示。

2. 取料路径规划及程序编写

机器人的动作可分解为“接近物料”“夹紧物料”“离开料仓”3 个动作。接近物料时设定安全点 P1（高度 150 mm）、接近点 P2（高度 50 mm），离开时设定回退点 P2、安全点 P1，执行程序时机器人先快速移动至安全点 P1，再快速移动至接近点 P2，最后到达取料点 P3，物料夹紧动作完成后，机器人经过返回点 P2 到达安全点 P1。取料路径如图 4-44 所示。取料程序的流程图和内容如图 4-45 所示。

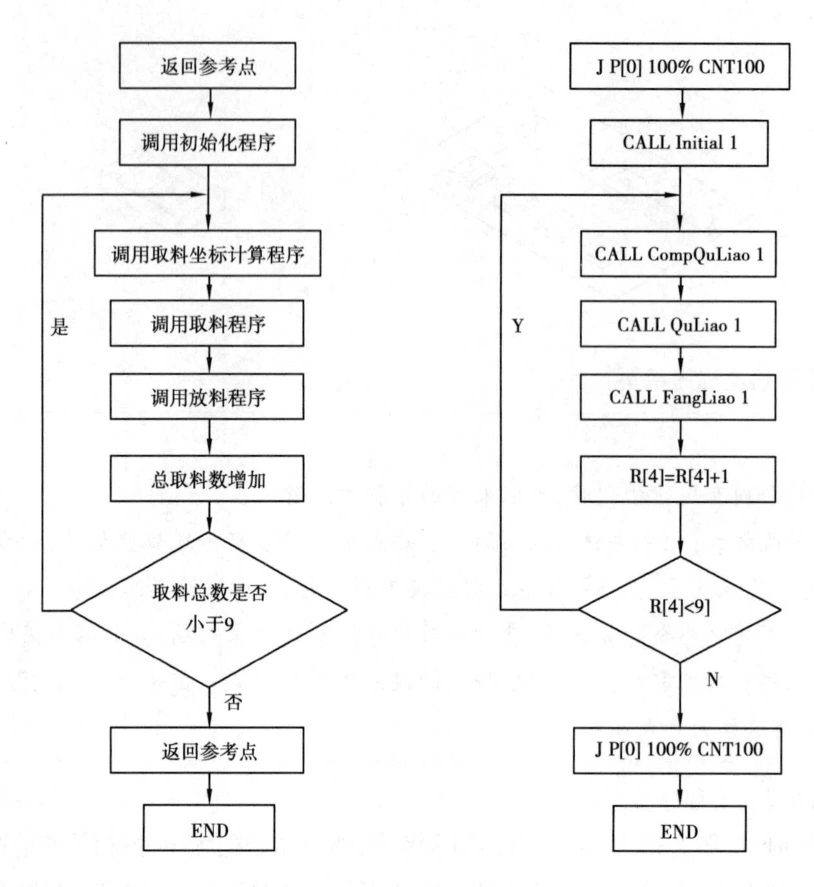

图 4-42　主程序流程图

```
Main
J P[0] 100%  CNT100
CALL Initial 1
LBL [1]
CALL CompQuLiao 1
CALL QuLiao 1
CALL FangLiao 1
R[4] = R[4] +1
IF R[4] <9,JMP LBL[1]
J P[1] 100%  CNT100
END
```

图 4-43　主程序

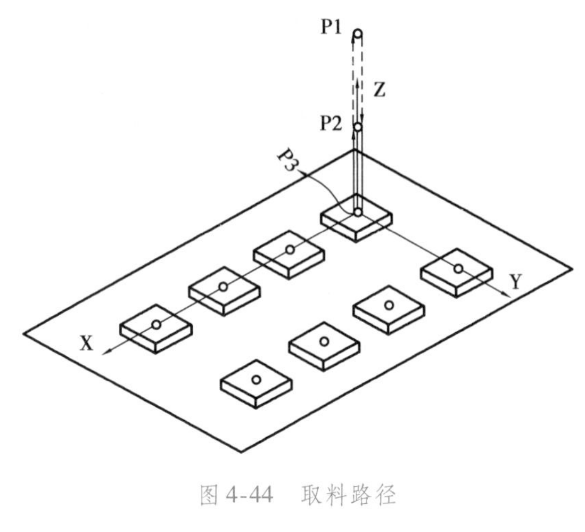

图 4-44　取料路径

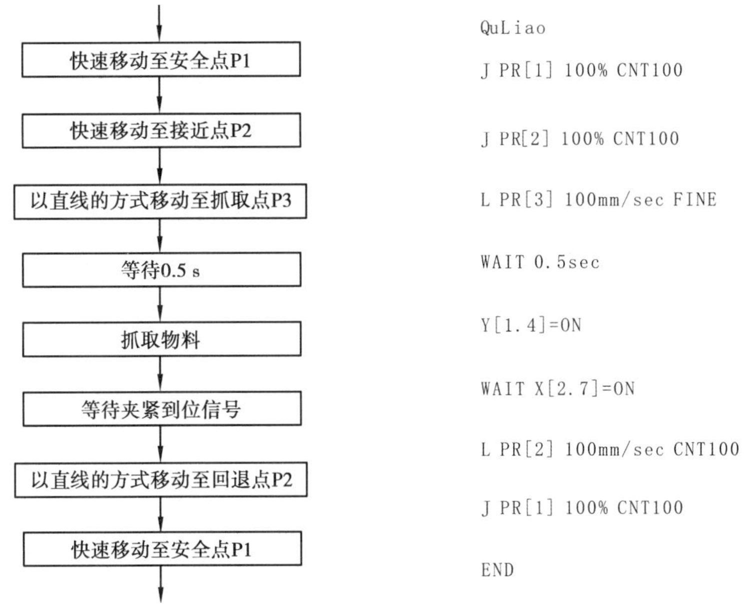

图 4-45　取料程序的流程图和内容

3. 取料坐标计算程序编写

将 P3 点的坐标存入寄存器 PR[13]，以 P3 点作为计算基准点，计算出其他路径点的坐标。先沿 X 方向抓取第一行的物料，第一行物料抓取完成后再抓取下一行物料。

第一块物料取放完成准备抓取下一块物料时，P3 点的 X 坐标增加 100（两块物料 X 方向的距离），再以此时的 P3 点作为计算基准点，计算出其他路径点的坐标。

用寄存器 R[1]对 X 方向进行取料计数。R[1]的初始值为 1，当 R[1]为 1 时表示取得的是 X 方向的第 1 块物料，当 R[1]为 2 时表示取得的是 X 方向的第 2 块物料，以此类推。当 R[1]为 5 时，表示应该开始下一行物料的搬运。

此时，给 P3 点的 X 坐标赋初始值，Y 坐标增加 150（两块物料 Y 方向的距离）。即把 P3 点的坐标移动到了第 2 行的第 1 块物料所在的位置。同时，用于 X 方向计数的寄存器 R[1]赋初始值 1，重新开始计数。

取料坐标计算程序的流程图和内容如图 4-46 和图 4-47 所示。

4. 放料路径规划及程序编写

本次任务只需将物料内容放进收纳盒，没有要求进行码垛操作。直接用示教的方式编程即可。放料路径如图 4-48 所示，放料程序的流程图和内容如图 4-49 所示。

> 友情提示
>
> 在进行分析时，尽量用相应指令写出流程图以理清自己的思路。流程图画好后，方便根据流程图快速写出程序。

5. 初始化程序编写

初始化程序的功能是完成相关变量的初始化操作。这些变量的值在程序运行过程中不断改变。为了再次启动程序时，程序能正常运行，需要对这些变量进行初始化操作。初始化程序如图 4-50 所示。

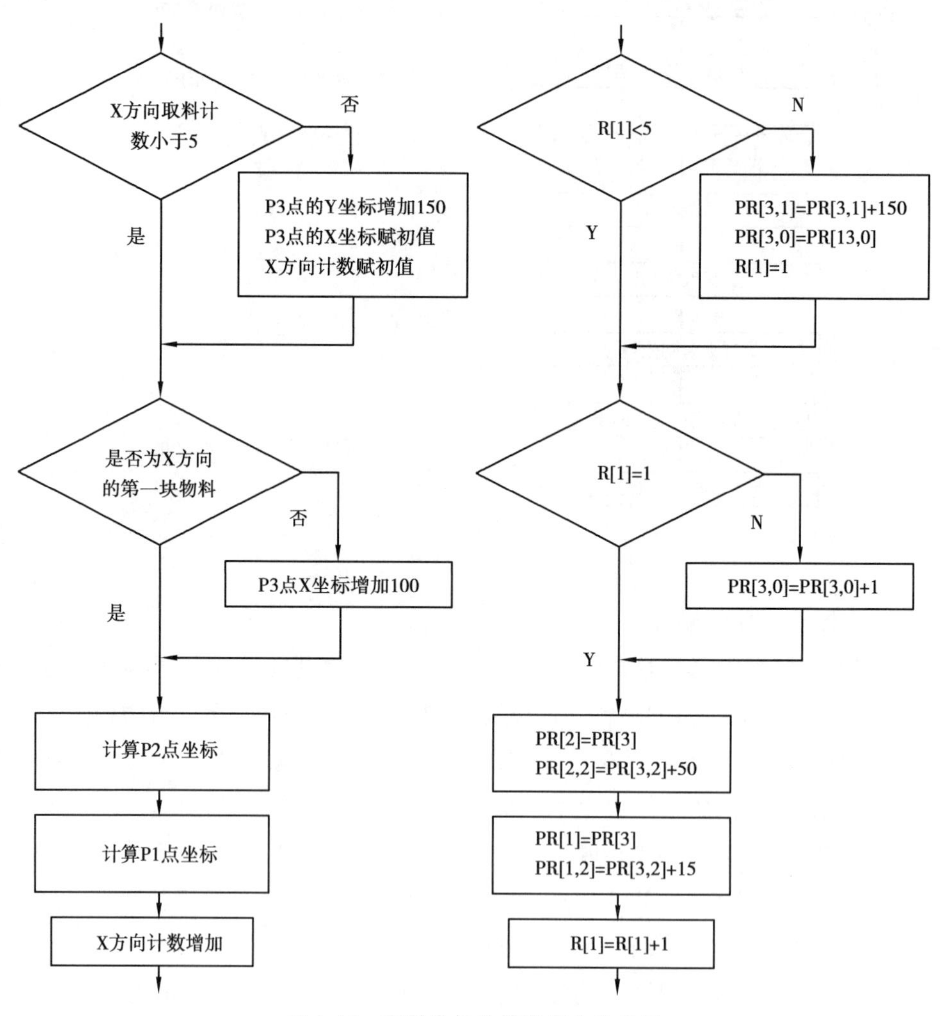

图 4-46　取料坐标计算程序的流程图

```
Comp_QuLiao
IF R[1]<5 , JMP LBL[1]
R[1]=1
PR[3,0]=PR[13,0]
PR[3,1]=PR[13,1]+150
LBL[1]

IF R[1]=1 , JMP LBL[2]
PR[3,0]=PR[3,0]+100
LBL[2]


PR[2]=PR[3]
PR[2,2]=PR[2,2]+50
PR[1]=PR[3]
PR[1,2]=PR[1,2]+150
R[1]=R[1]+1
END
```

图 4-47　取料坐标位置程序的内容

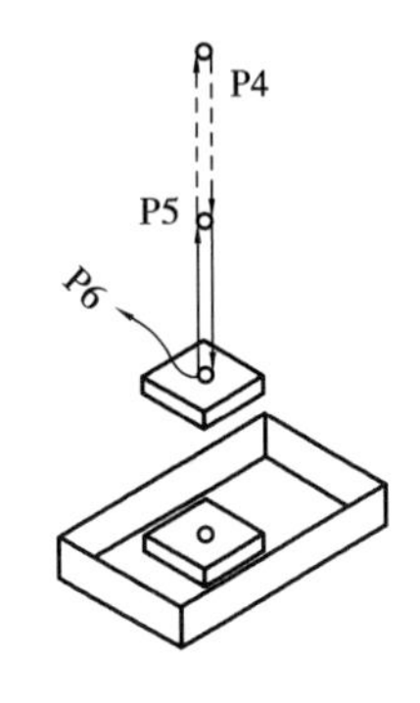

图 4-48　放料路径

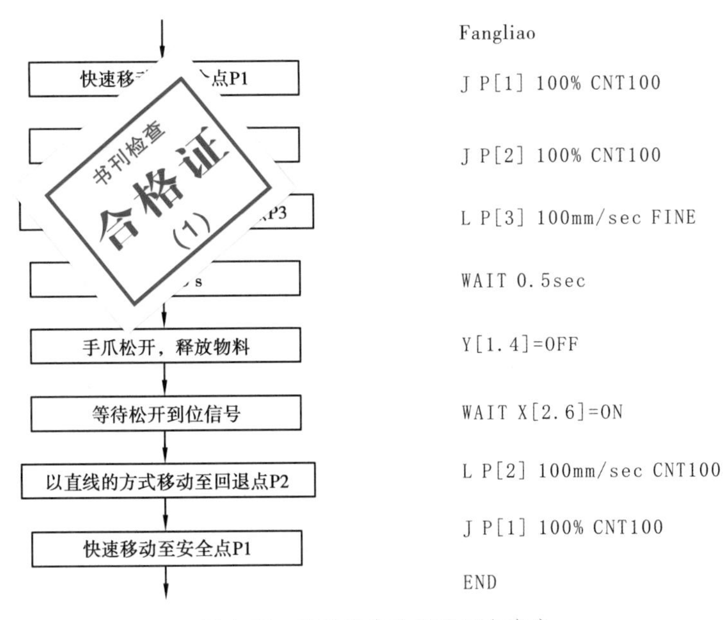

图 4-49　放料程序的流程图和内容

```
ChuShiHua

Y[1,4]=OFF
WAIT X[2.6]=ON      } 取料前，确保夹具处于张开状态，以免发生碰撞

R[1]=1 ——— X方向取料计数，从1开始计数

R[2]=1 ——— 取料总数计数，从1开始计数

PR[3]=PR[13]——— 对PR[3]的坐标值进行初始化操作

END
```

图 4-50　初始化程序

三、程序的调试与运行

1. 示教前的准备

示教前的准备工作，具体内容同前。

示教前的准备

2. 输入程序

先输入子程序，再输入主程序。具体方法同前。

3. 建立工件坐标系

按照学过的方法建立工件坐标系。

输入程序

4. 路径点示教

按照学过的方法示教参考点 P0 和计算基准点 P3。具体方法同前。

5. 程序调试与运行

在自动界面加载主程序进行调试即可。具体方法同前。

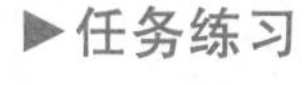

▶任务练习

在图 4-51 中完成搬运路径绘制、路径点编号，再进行程序编写、示教与调试。

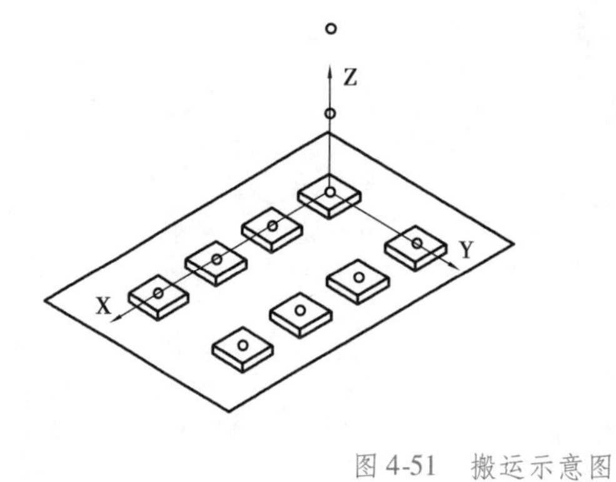

图 4-51　搬运示意图

▶任务评价

完成本任务的学习后，教师根据课堂表现、习题练习等情况对学生的学习过程和结果进行评价。

序号	评价要点	得分			
1	行为习惯符合课堂纪律与要求	□优	□良	□中	□差
2	学习资料准备齐全	□优	□良	□中	□差
3	能合理进行运动规划、变量分配	□优	□良	□中	□差
4	能写出合理的流程图	□优	□良	□中	□差
5	能根据流程图写出相应的程序	□优	□良	□中	□差
6	能在规定时间内完成程序的编辑、调试与运行	□优	□良	□中	□差
7	学习效果	□优	□良	□中	□差

▶任务小结

请学生小结本次任务过程中的收获与存在的问题，并提出改进计划，写入下表。

收获	存在的问题	改进计划

▶技能提高

本任务中两个方向（X 和 Y）的坐标值都要计算。用寄存器 R[1]进行 X 方向的取料计数，R[2]对 Y 方向进行取料计数，初始值都为 1。

每一行物料的顺序都从 1 开始编号。搬运第一行的物料时，用物料的顺序号减去 1，乘以物料的距离 100，便得到当前物料相对于第一块物料在 X 方向上的距离。用第一块物料的 X 坐标值加上此距离，即得到当前物料的 X 坐标值。

当沿 X 方向取料 4 块之后，用 R[2] 的值减去 1，乘以物料沿 Y 方向的距离 150，即得到下一行物料所在位置的 Y 坐标值；同时，对 R[1]赋初值，重新开始计数。取料坐标计算程序的流程图和内容如图 4-52 和图 4-53 所示。

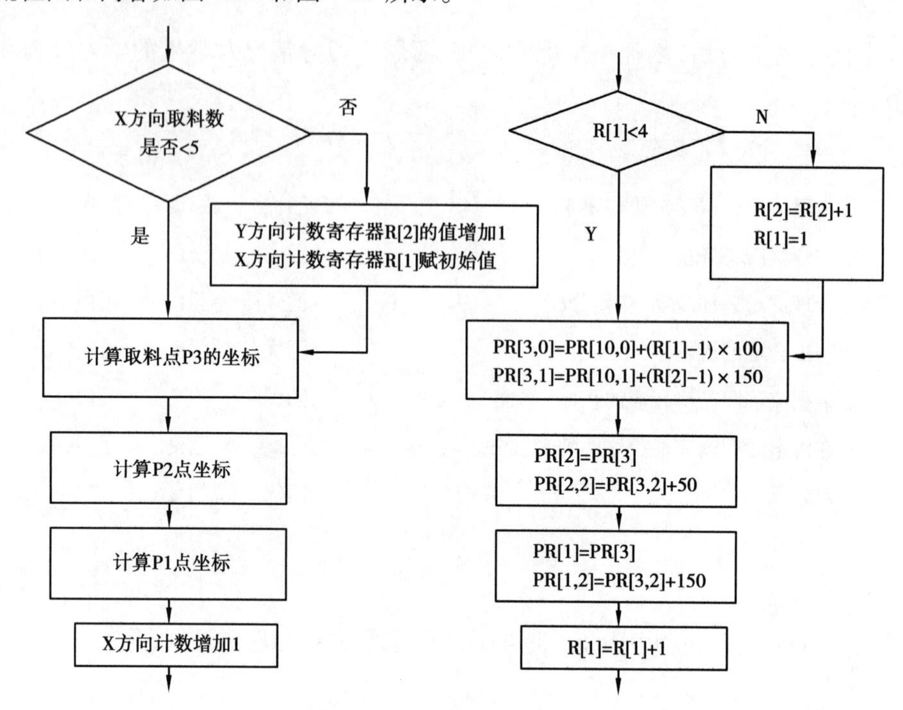

图 4-52　取料坐标计算程序的流程图

```
Comp_QuLiao

IF R[1]<5,JMP LBL[1]
R[2]=R[2]+1
R[1]=1
LBL[1]


PR[3,0]=PR[10,0]+(R[1]-1)×100
PR[3,1]=PR[10,1]+(R[2]-1)×150


PR[2]=PR[3]
PR[2,2]=PR[2,2]+50
PR[1]=PR[3]
PR[1,2]=PR[1,2]+150
R[1]=R[1]+1
END
```

图 4-53　取料坐标计算程序

在本例中,也可以把 R[1]、R[2]和 R[4]的初始值设为 0。此时,主程序、初始化程序取料坐标计算程序需要做相应调整,如图 4-54 所示。

Main

```
J P[0] 100% CNT100
CALL ChuShiHua 1
LBL [1]
CALL CompQuLiao
CALL QuLiao
CALL FangLiao
R[4]=R[4]+1
IF R[8]<8,JMP LBL[1]
J P[1] 100% CNT100
END
```

ChuShiHua

```
Y[1,4]=OFF
WAITX[2.6]=ON
R[1]=0
R[2]=0
R[4]=0
PR[3]=PR[13]
END
```

Comp_QuLiao

```
IF R[1]<4,JMP LBL[1]
R[2]=R[2]+1
R[1]=1
LBL[1]
PR[3,0]=PR[10,0]+R[1]×100
PR[3,1]=PR[10,1]+R[2]×150
PR[2]=PR[3]
PR[2,2]=PR[2,2]+50
PR[1]=PR[3]
PR[1,2]=PR[1,2]+150
R[1]=R[1]+1
END
```

图 4-54　修改后的程序

项目五

码垛编程与操作

本项目在项目四的基础上，完成物料码垛的编程与操作，使学生学会码垛算法的设计，并能通过码垛算法使工业机器人完成具体的码垛任务。

□ 知识目标

1. 了解码垛的类型及特点；
2. 了解搬运与码垛的工作流程。

□ 技能目标

1. 能完成搬运与码垛的任务规划及运动规划；
2. 能完成搬运与码垛的程序编写；
3. 能完成搬运与码垛的程序调试和自动运行。

□ 思政目标

1. 激发学生的学习兴趣，训练学生良好的操作习惯，培养学生严谨的学习态度；
2. 培养学生好学向上、积极动手、团结协作、吃苦耐劳等良好品质；
3. 培养学生的7S职业素养。

任务　码垛示教编程

▶任务描述

本任务需通过编程让机器人把料仓里的物料搬运至指定位置，并按要求完成码垛。

▶任务准备

准备名称	准备内容	负责人	完成情况
实训工具	工业机器人实训平台、水性笔		
学习资料	教材、任务书、笔记本、练习本、笔		

▶知识准备

一、码垛的要求

码垛是指将物品整齐、规则地摆放成货垛的作业。它根据物品的性质、形状、重量等因素，结合仓库存储条件，将物品码成一定的货垛。

在物品码放前结合仓储条件做好准备工作，在分析物品的数量、包装、清洁程度、属性的基础上，遵循合理、整齐、节约、方便、牢固、定量等方面的基本要求，进行物品码放。

1. 合理

要求根据不同货物的品种、性质、批次、等级及不同客户对货物的不同要求，分开堆放。货垛形式应以货物的性质为准，这样有利于货物的保管，能充分利用仓容和空间。货垛间距符合操作及防火安全的标准，大不压小，重不压轻，缓不压急，不围堵货物，特别是后进货物不堵先进货物，确保“先进先出”。

2. 整齐

货垛堆放整齐，垛形、垛高、垛距统一化和标准化，货垛上每件货物都尽量整齐码放、垛边横竖成列，垛不压线；货物外包装的标记和标志一律朝垛外。

3. 节约

尽可能堆高以节约仓容，提高仓库利用率；妥善组织安排，做到一次到位，避免重复劳动，节约成本消耗；合理使用苫垫材料，避免浪费。

4. 方便

选用的垛形、尺度、堆垛方法应方便堆垛、搬运装卸作业，提高作业效率；垛形方便理数、查验货物，方便通风、苫盖等保管作业。

5. 牢固

货垛稳定牢固，不偏不斜，必要时采用衬垫物料固定，一定不能损坏底层货物。货垛较高时，上部适当向内收小。易滚动的货物，使用木楔或三角木固定，必要时使用绳索、绳网对货垛进行绑扎固定。

6. 定量

每一货垛的货物数量保持一致，采用固定的长度和宽度，且为整数，货量以相同或固定比例逐层递减，能做到过目知数。每垛的数字标记清楚，货垛牌或料卡填写完整，能够一目了然。

二、码垛的类型及特点

物品码垛时可以采取各种交错咬合的办法，这样可以保证货垛具有足够的稳定性，物品码垛主要有以下 4 种方式。

1. 重叠式

重叠式各层码垛方式相同，上下对应。这种方式的优点是工具操作速度快，各层重叠之后，包装物 4 个角和边重叠垂直，能承受较大的重量。这种方式的缺点是各层之间缺少咬合，稳定性差，容易发生塌垛。在货体底面积较大的情况下，采用这种方式可有足够的稳定性。一般情况下，重叠式码放再配以各种坚固方式，不但能保持稳定，而且装卸操作也比较省力。

2. 纵横交错式

相邻两层物品的摆放旋转 90°，一层呈横向放置，另一层呈纵向放置。层间有一定的咬合效果，但咬合强度不高。

3. 正反交错式

同一层中不同列的物品以 90°垂直码放，相邻两层的物品码放形式是另一层旋转 180°的形式。这种方式类似于房屋建筑中砖的砌筑方式，不同层间咬合强度较高，相邻层之间不重缝，因而码放后稳定性很高，但操作比较麻烦，且包装体之间不是垂直面互相承受荷载，所以下部容易被压坏。

4. 旋转交替式

第一层相邻的两个包装体都互为 90°，两层间的码放又相互成 180°。这样相邻两层之间咬合交叉，优点是物品稳定性高，不易塌垛，缺点是码放难度较大，且中间形成空穴。

▶任务实施

一、任务规划

机器人在进行物料码垛时，从指定的料仓中抓取物料，搬运至指定位置以规定的形式完成码垛，机器人反复执行此过程，直到物料码垛完成，如图 5-1 所示。

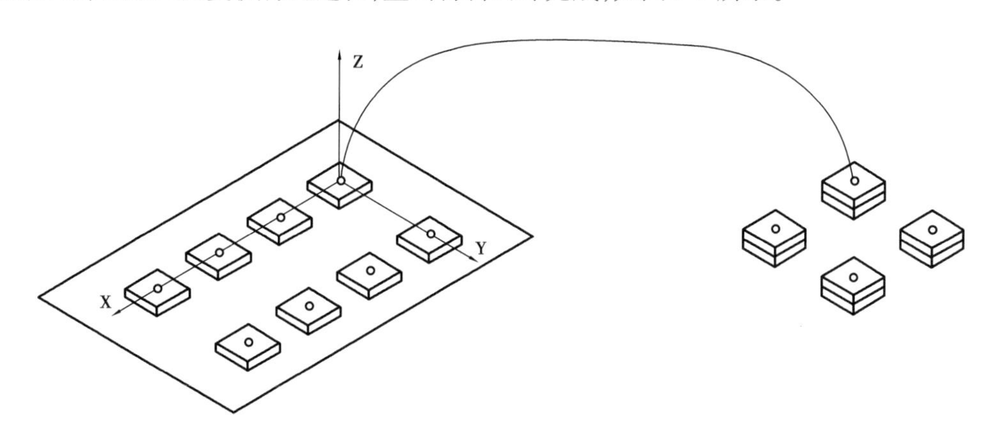

图 5-1　搬运与码垛示意图

实训平台所使用的料仓，其放料位置呈两行两列规则排列，本次任务中的取料也是有序的，所以，取料路径规划及程序的编写、取料坐标计算程序的编写可以采用项目四中任务三的步骤和方法。

本任务中要求码垛为两行两列两层，码垛类型为重叠式，只要逐层码垛即可。码垛路径规划及程序的编写、码垛坐标计算程序的编写可以参考项目四中任务三的步骤和方法。

综上所述，可以把物料搬运任务分解为4个子任务：取料坐标计算、料仓取料、码垛坐标计算、码垛放料。原则上一个子任务即为一个子程序。

二、运动规划及程序编写

1. 主程序规划及程序编写

运行程序时，机器人先从当前位置回到参考点，调用初始化程序，把相关变量进行初始化操作。然后依次调用取料坐标计算程序、料仓取料程序、码垛坐标计算程序和码垛放料程序，完成第一块物料的取料与放料操作。

第一块物料搬运完成后，再次调用取料坐标计算程序，计算出下一块物料的取料路径点，紧接着调用取料程序、码垛坐标计算程序和码垛放料程序，按照预定的轨迹完成取料与放料动作。如此循环，直到所有物料搬运完成。最后回到参考点P0，结束程序的运行。主程序的流程图和内容如图5-2和图5-3所示。

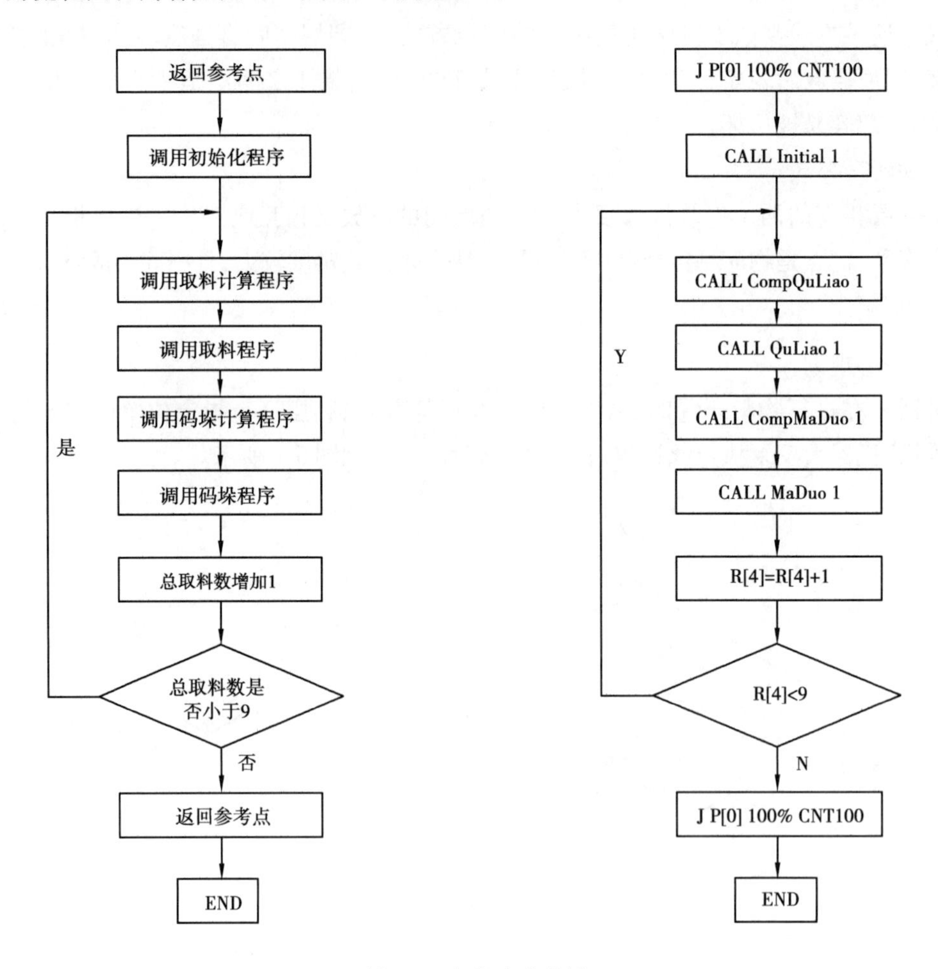

图5-2　主程序流程图

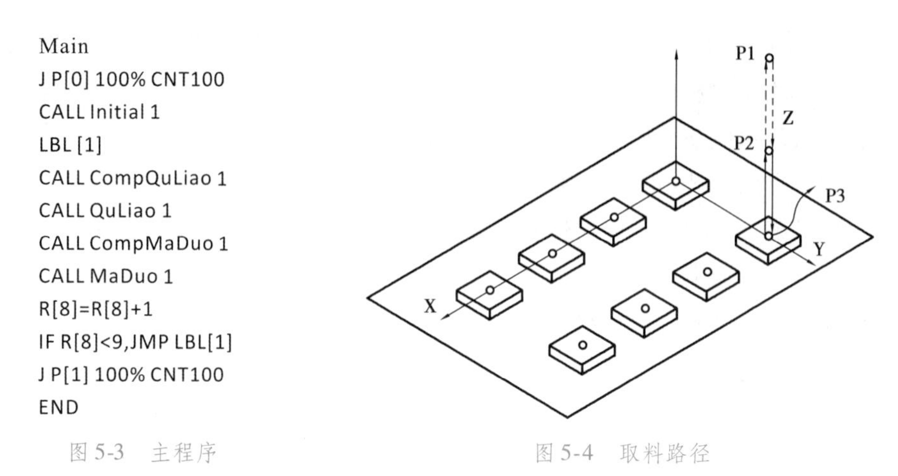

```
Main
J P[0] 100% CNT100
CALL Initial 1
LBL [1]
CALL CompQuLiao 1
CALL QuLiao 1
CALL CompMaDuo 1
CALL MaDuo 1
R[8]=R[8]+1
IF R[8]<9,JMP LBL[1]
J P[1] 100% CNT100
END
```


图 5-3　主程序　　　　图 5-4　取料路径

2. 取料路径规划及程序编写

机器人取料时的动作可分解为“接近物料”“夹紧物料”“离开料仓”3 个动作。接近物料时设定安全点 P1(高度 150 mm)、接近点 P2(高度 50 mm),离开时设定回退点 P2、安全点 P1,执行程序时机器人先快速移动至安全点 P1,再快速移动至接近点 P2,最后到达取料点 P3,物料夹紧动作完成后,机器人经过返回点 P2 到达安全点 P1。取料路径如图 5-4 所示。取料程序的流程图和内容如图5-5所示。

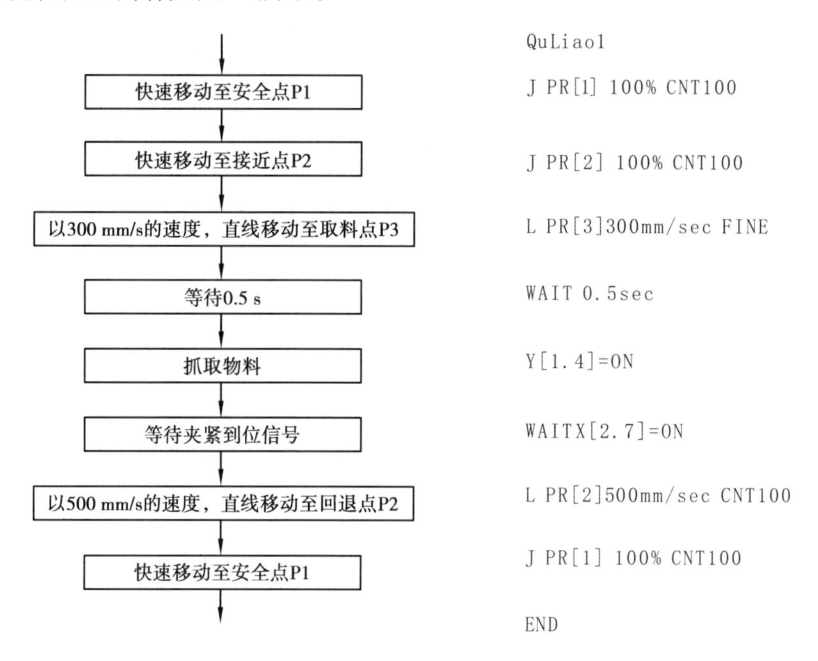


```
QuLiao1
J PR[1] 100% CNT100
J PR[2] 100% CNT100
L PR[3]300mm/sec FINE
WAIT 0.5sec
Y[1.4]=ON
WAITX[2.7]=ON
L PR[2]500mm/sec CNT100
J PR[1] 100% CNT100
END
```

图 5-5　取料程序的流程图和内容

3. 取料坐标计算程序编写

P3 点的坐标存入寄存器 PR[13],以 P3 点作为计算基准点,计算出其他路径点的坐标。先沿 X 方向抓取第一行的物料,第一行物料抓取完成后再抓取下一行物料。

第一块物料取放完成准备抓取下一块物料时,P3 点的 X 坐标增加 100(两块物料 X 方向的距离),再以此时的 P3 点作为计算基准点,计算出其他路径点的坐标。

用寄存器 R[1]对 X 方向进行取料计数。R[1]的初始值为 1,当 R[1]为 1 时表示取得的是 X 方向的第 1 块物料,当 R[1]为 2 时表示取得的是 X 方向的第 2 块物料,以此类推。当 R[1]为 5 时,表示应该开始下一行物料的搬运。

此时,给 P3 点的 X 坐标赋初始值,Y 坐标增加 150(两块物料 Y 方向的距离)。即把 P3 的坐标移动到了第二行的第一块物料所在的位置。同时,用于 X 方向计数的寄存器 R[1]赋初始值 1,重新开始计数。

取料坐标计算程序的流程图和内容如图 5-6 和图 5-7 所示。

4. 码垛路径规划及程序编写

机器人放料时的动作可分解为“接近码垛区”“物料码垛”“离开码垛区”三个动作。接近时设定安全点 P4(高度 150)、接近点 P5(高度 50),离开时设定回退点 P5、安全点 P4,执行程序时机器人先快速移动至安全点 P4,再快速移动至接近点 P5,最后到达码垛点 P6,物料码垛完成后,机器人经过返回点 P5 到达安全点 P4。码垛路径如图 5-8 所示。码垛程序的流程图和内容如图 5-9 所示。

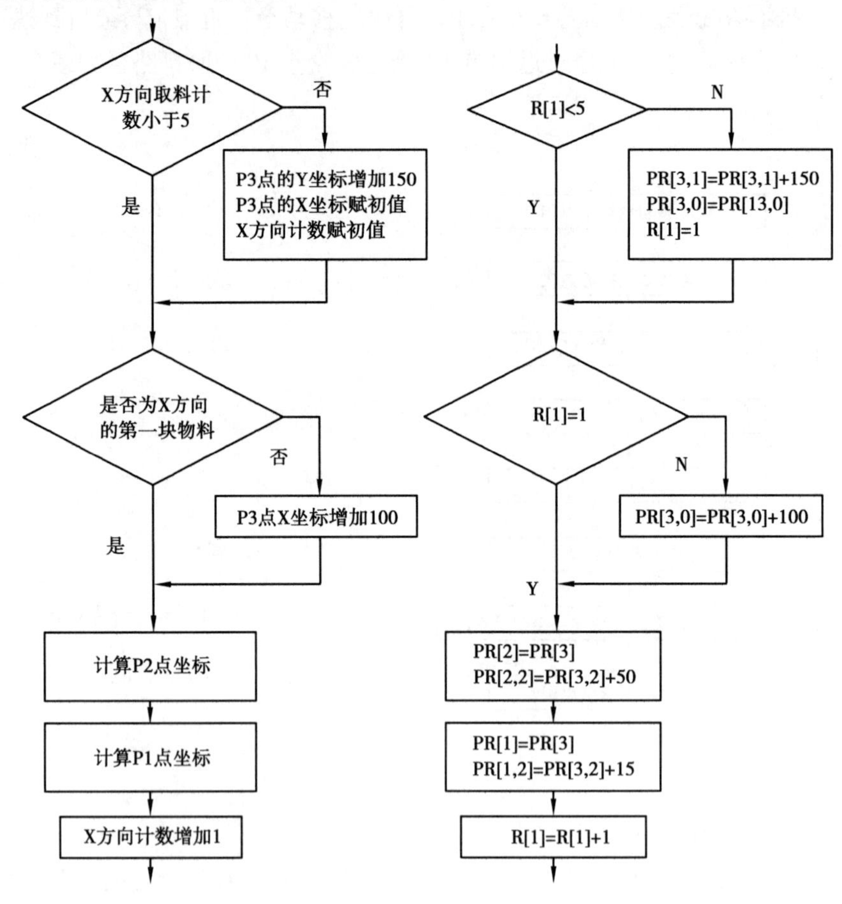

图 5-6　取料坐标计算程序的流程图

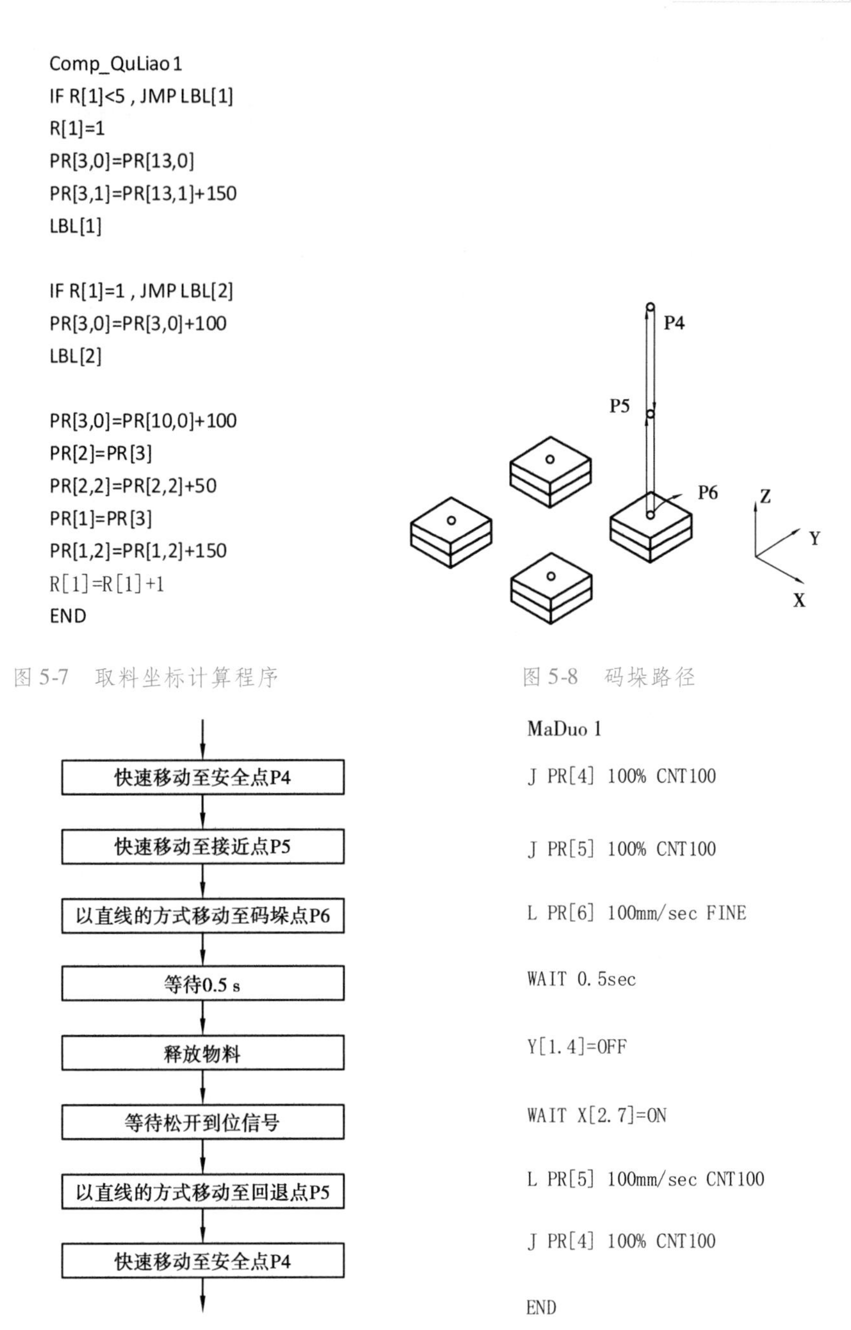

图 5-7　取料坐标计算程序

图 5-8　码垛路径

图 5-9　码垛程序的流程图和内容

5. 码垛路径点坐标计算程序编写

在编写程序之前，要明确码垛的类型及码垛顺序。本项目的码垛类型为两行两列两层，第一层码垛完成后再码垛下一层。每一层的码垛顺序相同，先沿着 X 方向码垛，X 方向码垛完后，再沿 Y 方向移动至下一行继续沿 X 方向码垛。X 方向物料间距为 100，Y 方向物料间距为 150。

图 5-7 所示为第一块物料的码垛位置，P6 点为码垛放料点，示教时存入寄存器PR[16]，P5 点为码垛时的接近点，示教时存入寄存器 PR[15]，P4 点为码垛时的安全点，示教时存入

寄存器 PR[14]。

以 P6 点作为计算基准点,计算出其他路径点的坐标。码垛下一块物料时,P6 点的 X 坐标值增加 100(两块物料 X 方向的距离),再以此时的 P3 点作为计算基准点,计算出 P5、P4 点的坐标。

用寄存器 R[11]对 X 方向进行码垛计数。R[11]的初始值为 1,当 R[11]为 1 时表示码垛的是 X 方向的第一块物料,第一块物料码垛后 R[11]的值增加 1,当 R11]为 2 时表示码垛的是 X 方向的第二块物料,第二块物料码垛后 R[11]的值增加 1,此时,R[11]的值为 3。

码垛时每一行沿 X 方向只有两块物料,所以当 R[11]=3 时,表示应该开始下一行的物料码垛。此时,应当给 P6 点的 X 坐标赋初始值,Y 坐标减去 150(两块物料 Y 方向的距离),即把 P6 点的坐标移动到了第二行的第一块物料所在的位置。同时,用于 X 方向计数的寄存器 R[11]应赋初始值 1,Y 方向计数的寄存器 R[12]的值增加 1(用寄存器 R[12]对 Y 方向进行码垛计数。R[12]的初始值为 1)。

第二行物料码垛完成后 R[12]的值增加 1,此时 R[11]的值为 3,因为在 Y 方向只有两行物料,所以当 R[12]=3 时,应该开始下一层物料的码垛。此时,给 P6 点的 Z 坐标值增加 13①,P6 点的 Y 坐标赋初始值,同时,寄存器 R[12]应赋初始值 1。

码垛坐标计算程序的流程图和内容如图 5-10 和图 5-11 所示。

6. 初始化程序

初始化程序如图 5-12 所示。

三、程序的调试与运行

1. 示教前的准备

示教前的准备工作,具体内容同前。

2. 输入程序

先输入字程序,再输入主程序。具体方法同前。

3. 路径点示教

示教参考点 P0 和计算基准点 P3。具体方法同前。

4. 程序调试与运行

在自动界面加载主程序进行调试即可。具体方法同前。

---

① 物料的厚度约为 12 mm。为了在 Z 方向码垛时,不发生层与层之间的碰撞,建议增加的高度尺寸比零件厚度多 1 mm 左右。

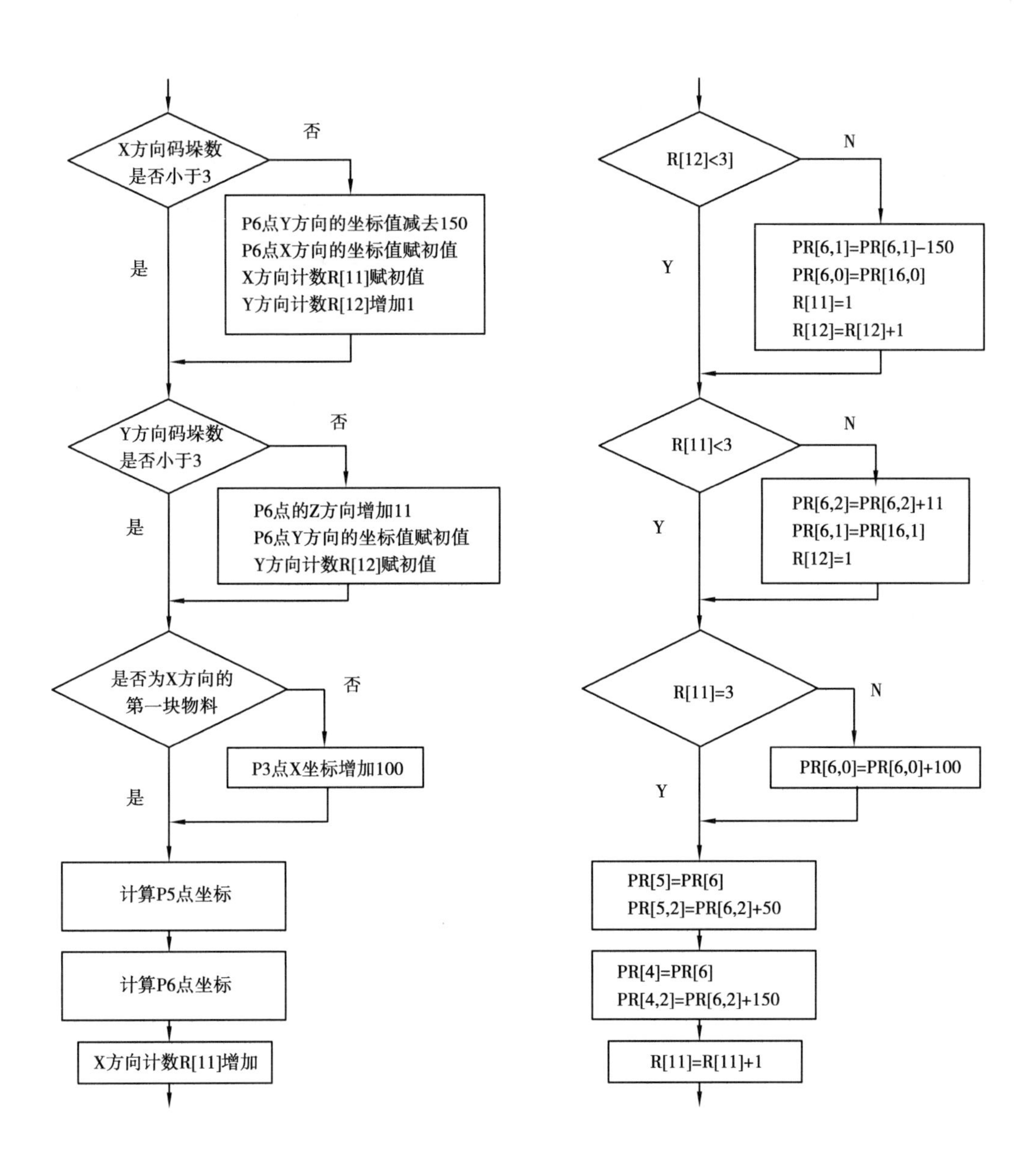

图 5-10　码垛坐标计算程序的流程图

```
Comp_MaDuo 1
IF R[11]<3 , JMP LBL[1]
PR[6,1]=PR[6,1]-150
PR[6,0]=PR[16,0]
R[11]=1
R[12]= R[12]+1
LBL[1]
IF R[12]<3, JMP LBL[2]
PR[6,2]=PR[6,2]+11
PR[6,1]=PR[16,1]
R[12]=1
LBL[2]
IF R[11]=1 , JMP LBL[3]
PR[6,0]=PR[6,0]+100
LBL[3]
PR[6,0]=PR[6,0]+150
PR[5]=PR[6]
PR[5,2]=PR[6,2]+50
PR[4]=PR[6]
PR[4,2]=PR[6,2]+150
R[11]=R[11]+1
END
```

图 5-11　码垛坐标计算程序

程序	说明
ChuShiHua	
Y[1,4]=OFF WAITX[2.6]=ON	取料前，确保夹具处于张开状态，以免发生碰撞
R[1]=1	X方向取料计数，从1开始计数
R[11]=1	X方向码垛计数，从1开始计数
R[12]=1	Y方向码垛计数，从1开始计数
R[4]=1	取料总计数
PR[3]=PR[13]	对PR[3]的坐标值进行初始化操作
PR[6]=PR[16]	对PR[6]的坐标值进行初始化操作
END	

图 5-12　初始化程序

▶**任务练习**

（1）在图 5-13 中完成码垛路径绘制、路径点编号，再进行程序编写、示教与调试。

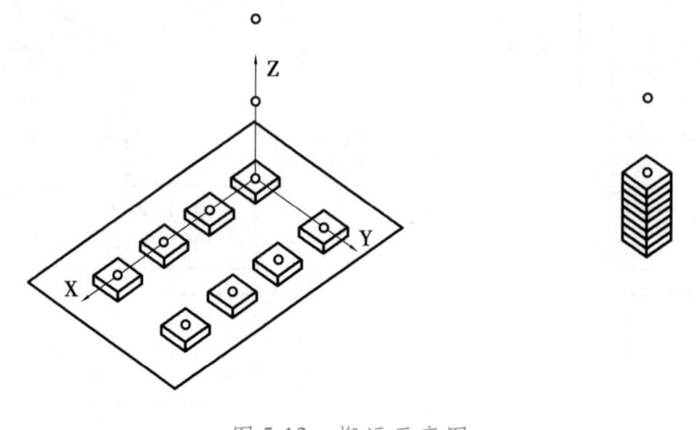

图 5-13　搬运示意图

(2)在图 5-14 中完成码垛路径绘制、路径点编号,再进行程序编写、示教与调试。

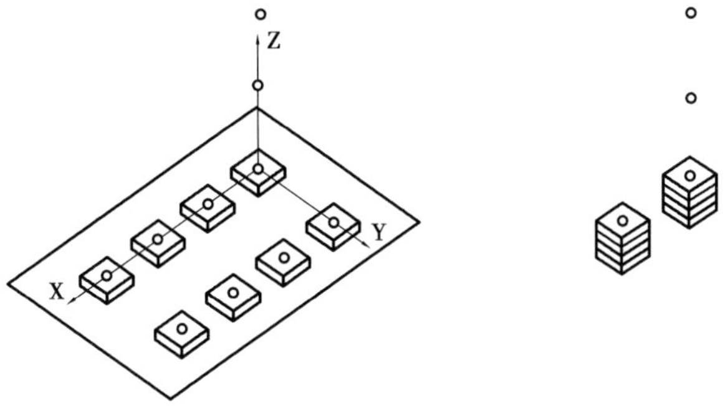

图 5-14　搬运示意图

(3)在图5-15中完成码垛路径绘制、路径点编号,再进行程序编写、示教与调试。

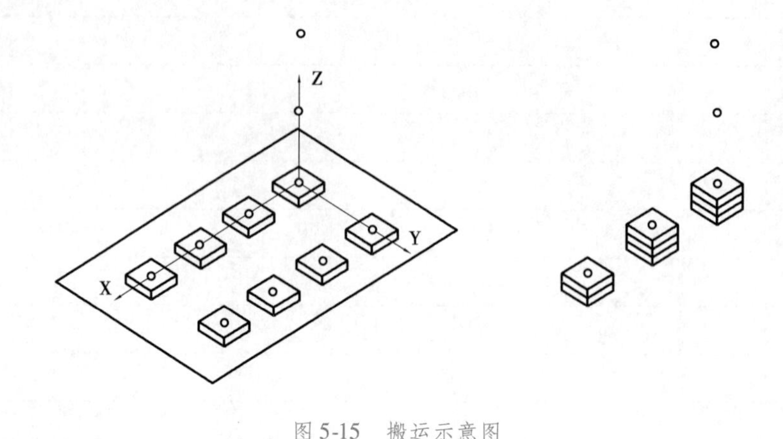

图5-15　搬运示意图

(4)在图 5-16 中完成码垛路径绘制、路径点编号,再进行程序编写、示教与调试。

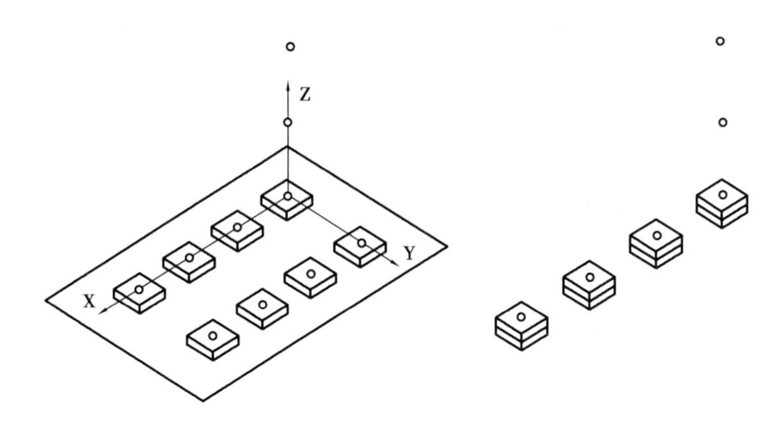

图 5-16　搬运示意图

(5)在图5-17中完成码垛路径绘制、路径点编号,再进行程序编写、示教与调试。

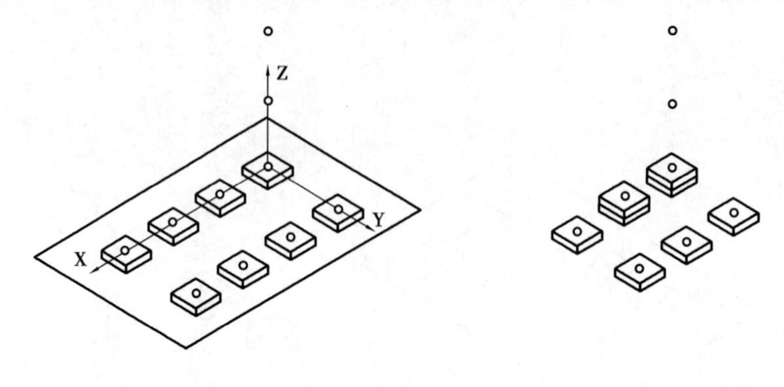

图5-17 搬运示意图

▶任务评价

完成本任务的学习后,教师根据课堂表现、习题练习等情况对学生的学习过程和结果进行评价。

序号	评价要点	得分			
1	行为习惯符合课堂纪律与要求	□优	□良	□中	□差
2	学习资料准备齐全	□优	□良	□中	□差
3	能合理进行运动规划、变量分配	□优	□良	□中	□差
4	能写出合理的流程图	□优	□良	□中	□差
5	能根据流程图写出相应的程序	□优	□良	□中	□差
6	能在规定时间内完成程序的编辑、调试与运行	□优	□良	□中	□差
7	学习效果	□优	□良	□中	□差

▶任务小结

请学生小结本次任务过程中的收获与存在的问题,并提出改进计划,写入下表。

收获	存在的问题	改进计划

▶技能提高

本任务中的码垛路径点计算程序也可以用项目四任务三的“技能提高”中介绍的方法编写。用寄存器 R[11]对 X 方向进行码垛计数。R[11]的初始值为 1,码垛一块物料后 R[11]的值增加 1。当 R[11]为 1 时表示码垛的是 X 方向的第一块物料,当 R[11]为 2 时表示码垛的是 X 方向的第二块物料。

因为本次码垛是每一行沿 X 方向只放两块物料,所以当 R[11]为 3 时,表示应该开始下一行的物料码垛。此时,应当给 P6 点的 X 坐标赋初始值,Y 坐标增加一倍行距(两块物料 Y 方向的距离,即行距为 150),即把 P6 点的坐标移动到了第二行的第一块物料所在的位置。同时,用于 X 方向计数的寄存器 R[11]应赋初始值 1,从此处重新开始计数。

用寄存器 R[12]对 Y 方向进行码垛计数。R[12]的初始值为 1,码垛一行物料后 R[12]的值增加 1,当 R[11]为 2 时,表示应该开始下一行的物料码垛。此时,R[12]的值即增加 1。因为在 Y 方向只有两行物料,所以当 R[12] =3 时,应该开始下一层物料的码垛。此时,给 P6 点的 Z 坐标值增加 12.5,P6 点的 Y 坐标赋初始值,同时,寄存器 R[12]应赋初始值 1,从此处重新开始计数。

码垛路径如图 5-18 所示。码垛坐标计算程序的流程图和内容如图 5-19 和图 5-20 所示。

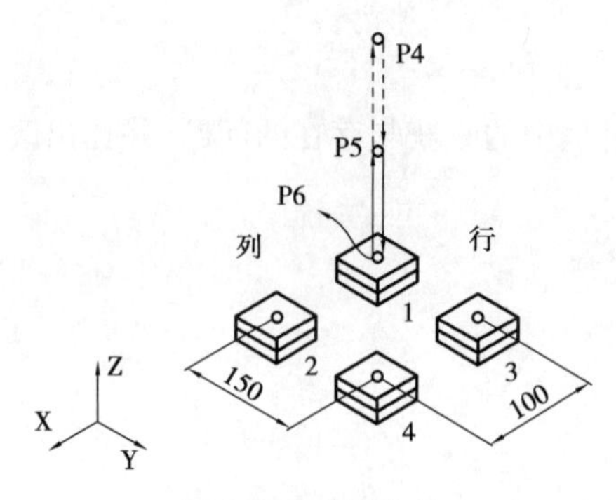

图 5-18　码垛路径

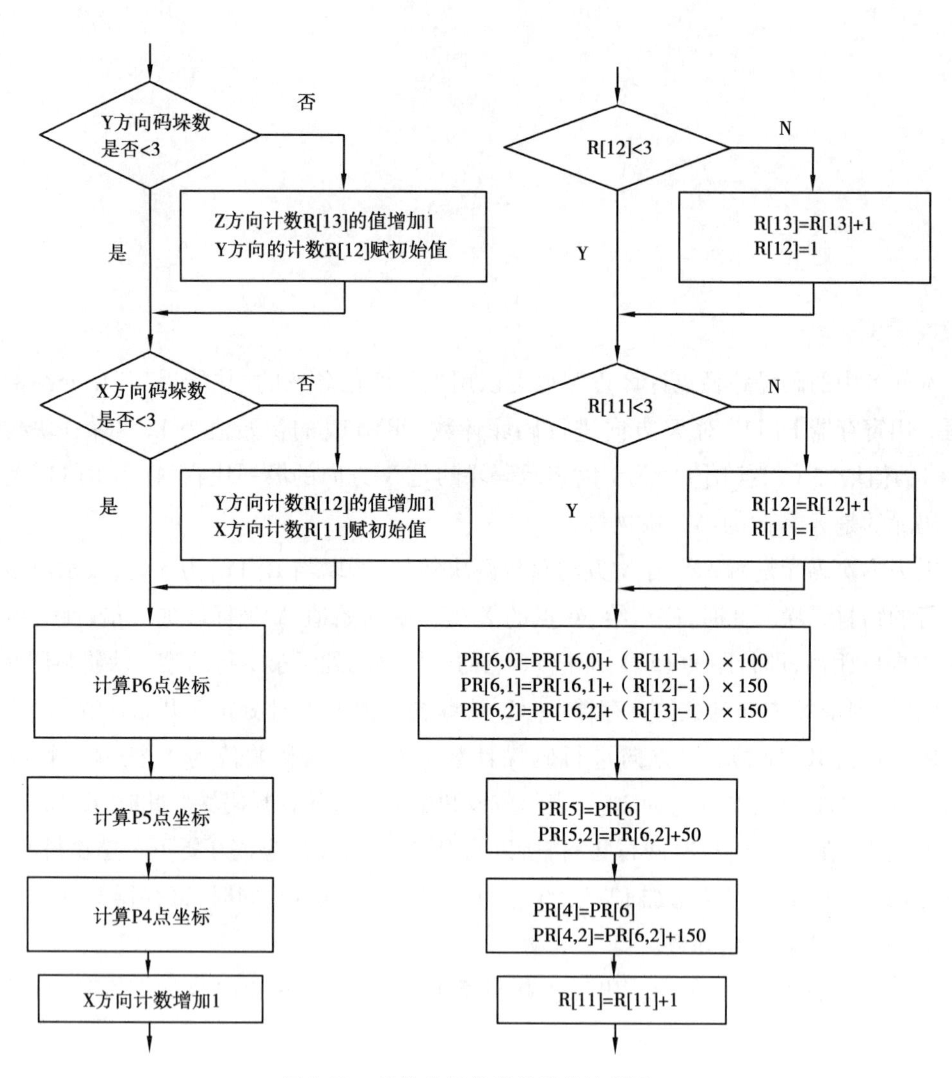

图 5-19　码垛坐标计算程序的流程图

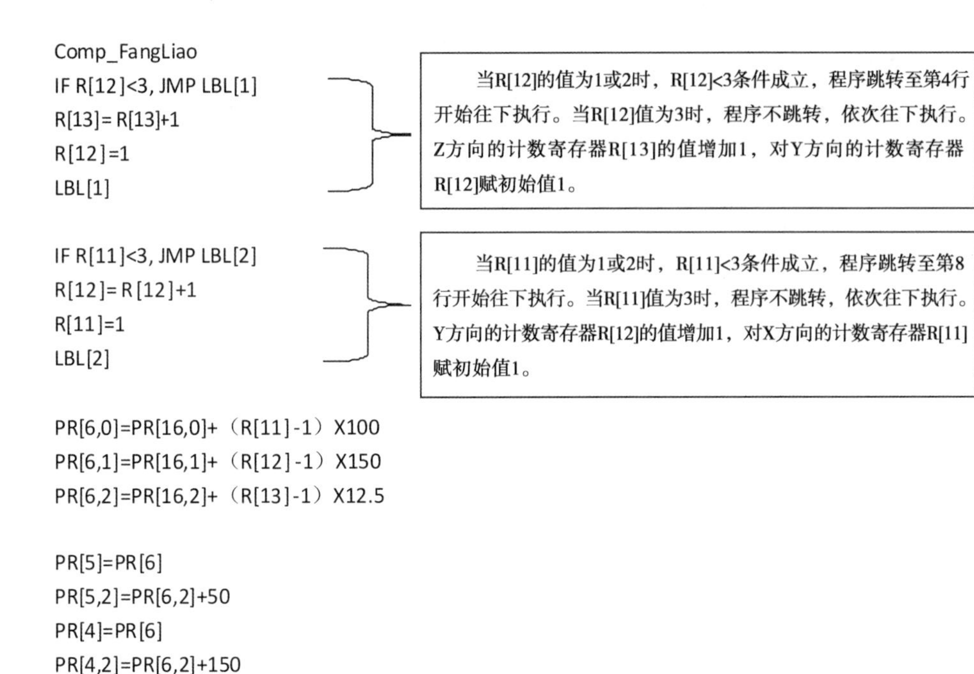


```
Comp_FangLiao
IF R[12]<3, JMP LBL[1]
R[13]= R[13]+1
R[12]=1
LBL[1]

IF R[11]<3, JMP LBL[2]
R[12]= R[12]+1
R[11]=1
LBL[2]

PR[6,0]=PR[16,0]+（R[11]-1）X100
PR[6,1]=PR[16,1]+（R[12]-1）X150
PR[6,2]=PR[16,2]+（R[13]-1）X12.5

PR[5]=PR[6]
PR[5,2]=PR[6,2]+50
PR[4]=PR[6]
PR[4,2]=PR[6,2]+150
R[4]=R[4]+1
END
```

图 5-20　码垛坐标计算程序

将本任务的主程序和初始化程序中的 R[1]的初始值设为 0，R[11]、R[12]和 R[13]的初始值也设为 0。此时，主程序、初始化程序及码垛坐标计算程序如图 5-21 所示。

```
Main
J P[0] 100% CNT100
CALL Initial 1
LBL [1]
CALL CompQuLiao
CALL QuLiao
CALL CompFangLiao
CALL FangLiao
R[4]=R[4]+1
IF R[4]<7, JMP LBL[1]
J P[1] 100% CNT100
END
```

```
Initial
Y[1,4]=OFF
R[1]=0
R[4]=0
R[11]=0
R[12]=0
R[13]=0
PR[3]=PR[13]
PR[6]=PR[16]
END
```

```
Comp_FangLiao
IF R[12]<3, JMP LBL[1]
R[13]= R[13]+1
R[12]=1
LBL[1]
IF R[11]<3, JMP LBL[2]
R[12]= R[12]+1
R[11]=1
LBL[2]
PR[6,0]=PR[16,0]+R[11]X100
PR[6,1]=PR[16,1]+R[12]X150
PR[6,2]=PR[16,2]+R[13]X12.5
PR[5]=PR[6]
PR[5,2]=PR[6,2]+50
PR[4]=PR[6]
PR[4,2]=PR[6,2]+150
R[4]=R[4]+1
END
```

图 5-21　变化后的程序

机床上下料编程与操作

本项目通过机床上下料的编程与操作，使学生了解工业机器人与机床之间的通信，能完成工业机器人机床上下料程序的编写与调试。。

□ 知识目标

1. 掌握工业机器人机床上下料的编程方法；
2. 了解机器人的工作流程；
3. 熟悉工件坐标系的标定方法。

□ 技能目标

1. 能完成机器模拟机床上下料的任务规划、运动规划等；
2. 能合理标定工件坐标系；
3. 能运用相关指令完成机床上下料程序的编写；
4. 能完成程序的调试和运行。

□ 思政目标

1. 激发学生的学习兴趣，训练学生良好的操作习惯，培养学生严谨的学习态度；
2. 培养学生好学向上、积极动手、团结协作、吃苦耐劳等良好品质；
3. 培养学生的 7S 职业素养。

任务　机床上下料示教编程

▶任务描述

本任务将使用工业机器人完成完整的机床上下料操作。

▶任务准备

准备名称	准备内容	负责人	完成情况
实训工具	工业机器人实训平台、水性笔		
学习资料	教材、任务书、笔记本、练习本、笔		

▶任务实施

一、安装料仓

按图6-1所示位置安装料仓。

图6-1　安装料仓

二、安装模拟车床

①用十字螺丝刀拧下安装在模拟车床上的外壳，如图6-2所示。

②用内六角螺钉将模拟车床固定在实训平台上，如图6-3所示。此时，先不要安装外壳。

图6-2　拆卸外壳

图6-3　模拟车床组件

③连接气管与电缆,然后测试气缸动作,并对旋转气缸和夹紧气缸侧面的位置传感器进行调整,如图6-4所示。

④调整传感器位置。

实训设备的I/O配置由厂家设定,无须手动配置。I/O分配及说明见表6-1。安装完成,如图6-5所示。

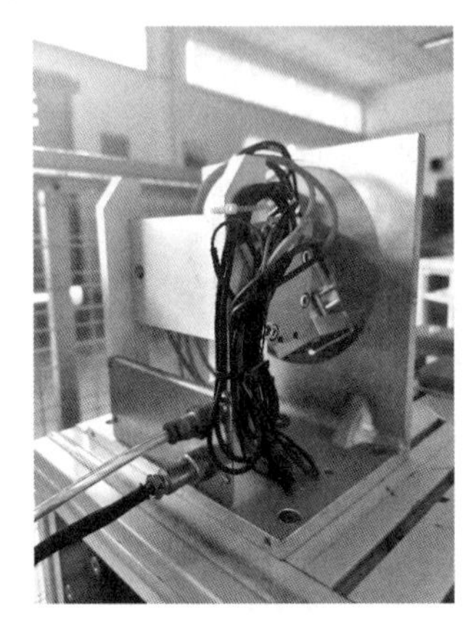

图6-4　连接电缆与气管进行调整

图6-5　完成模块安装

表6-1　I/O分配及说明见

序号	地址分配	说明
1	Y[1.4]	气动取料手爪张开/夹紧控制信号
2	Y[1.6]	模拟车床卡盘的夹紧/松开
3	Y[1.7]	模拟车床主轴旋转
4	X[1.0]	模拟车床主轴旋转至90°位置到位信号
5	X[1.1]	模拟车床卡盘松开到位信号
6	X[1.2]	模拟车床主轴旋转至0°位置到位信号
7	X[1.3]	模拟车床卡盘夹紧到位信号
8	X[2.6]	气动取料手爪张开到位
9	X[2.7]	气动取料手爪夹紧到位

• 调整气动取料手爪及传感器

此部分内容已在项目四中进行过详细讲解,请读者参见项目四的相关内容。

• 调整模拟车床主轴旋转气缸及传感器

进入示教器的IO信号设置界面的"输出信号(Y)"选项卡,打开信号Y[1.7],检查气缸是否能正常动作。此实训平台的气缸没有连接节流调速阀,不能调节气缸的动作速度,因此只要气缸能正常动作即可。

在旋转气缸的0°位置,到位检测传感器的指示灯应处于点亮状态。如果没有点亮,则用一字螺丝刀进行调节。同时,进入示教器的IO信号设置界面的"输入信号(X)"选项卡,检查信号X[1.2]的状态指示灯是否点亮。如果未正常显示,应检查相应的线路。

在旋转气缸的90°位置，到位检测传感器的指示灯应处于点亮状态。如果没有点亮，则用一字螺丝刀进行调节。同时，进入示教器的IO信号设置界面的“输入信号(X)”选项卡，检查信号X[1.0]的状态指示灯是否点亮。如果未正常显示，应检查相应的线路。

- 调整模拟车床卡盘的夹紧/松开及传感器

进入示教器的IO信号设置界面，以信号Y[1.6]控制气缸的夹紧与松开，检查气缸是否能正常动作。同时，进入示教器的IO信号设置界面的“输入信号(X)”选项卡，检查信号X[1.1]、X[1.3]是否能正常接收到外部传感器的输入信号。调整夹紧/放松检测传感器时，要先夹持物料，再调整位置，传感器位置调节后，一定要多测试几次，以确保传感器位置准确。传感器位置如图6-6所示。

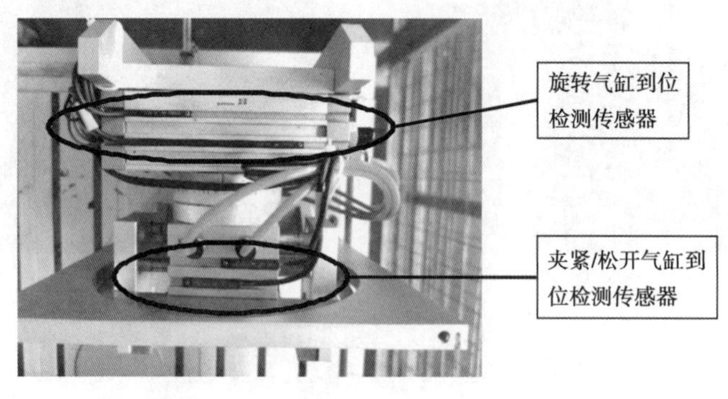

图6-6　传感器位置调整

三、任务规划

机器人执行机床上下料时，从指定的料仓中抓取物料，等待机床发出准备好信号，将物料搬运至机床完成上料动作，机器人返回至指定位置后，机床开始加工零件，机器人接收到机床发出的零件加工完成信号，机器人执行下料动作，并把已加工完成的零件按规定的码垛类型在指定位置完成码垛。机器人反复执行此过程，直到物料加工并码垛完成。

实训平台所使用的料仓、码垛类型都是规则的，所以，取料码垛时的路径规划和程序的编写可以参考项目四中任务三的步骤和方法。机床上、下料是两个独立的动作，也可以分解为两个子任务。

综上所述，可以把机床上下料任务分解为7个子任务：取料坐标计算、料仓取料、机床上料、零件加工、机床下料、码垛坐标计算、物料码垛。任务的运动规划如图6-7所示。

四、运动规划及程序编写

1. 主程序规划及编写

根据任务规划时的机床上下料步骤画出主程序的流程图，如图6-8所示。

友情提示

在画流程图时，有几个关键节点需要注意。首先，机器人取料完毕，移动至指定位置等待机床发出机床准备好信号后才能执行上料动作，其次，机床也要等待机器人上料完成，机器人回退至指定位置发出信号后机床才能开始加工零件，最后，机床发出零件加工完成信号，机器人才能执行下料动作。

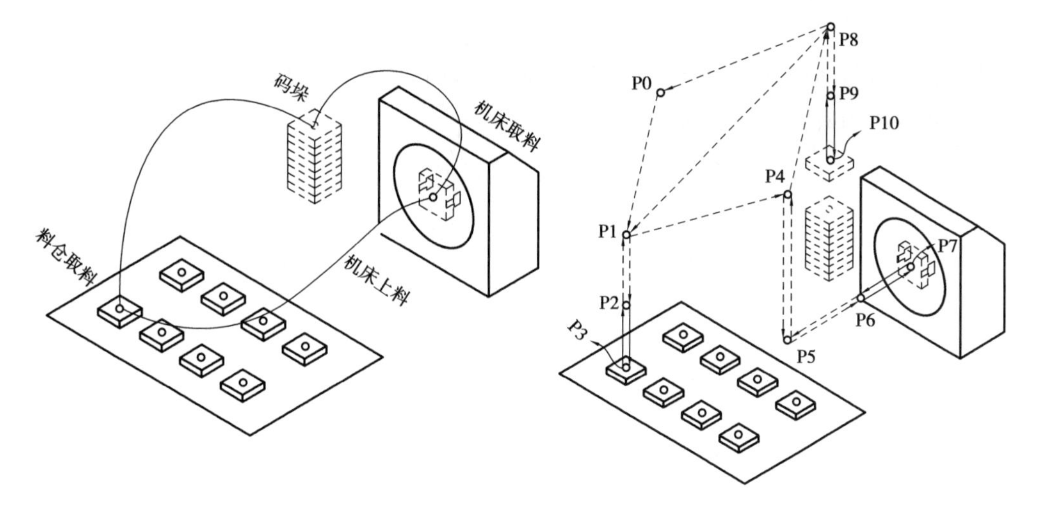

图 6-7　运动规划

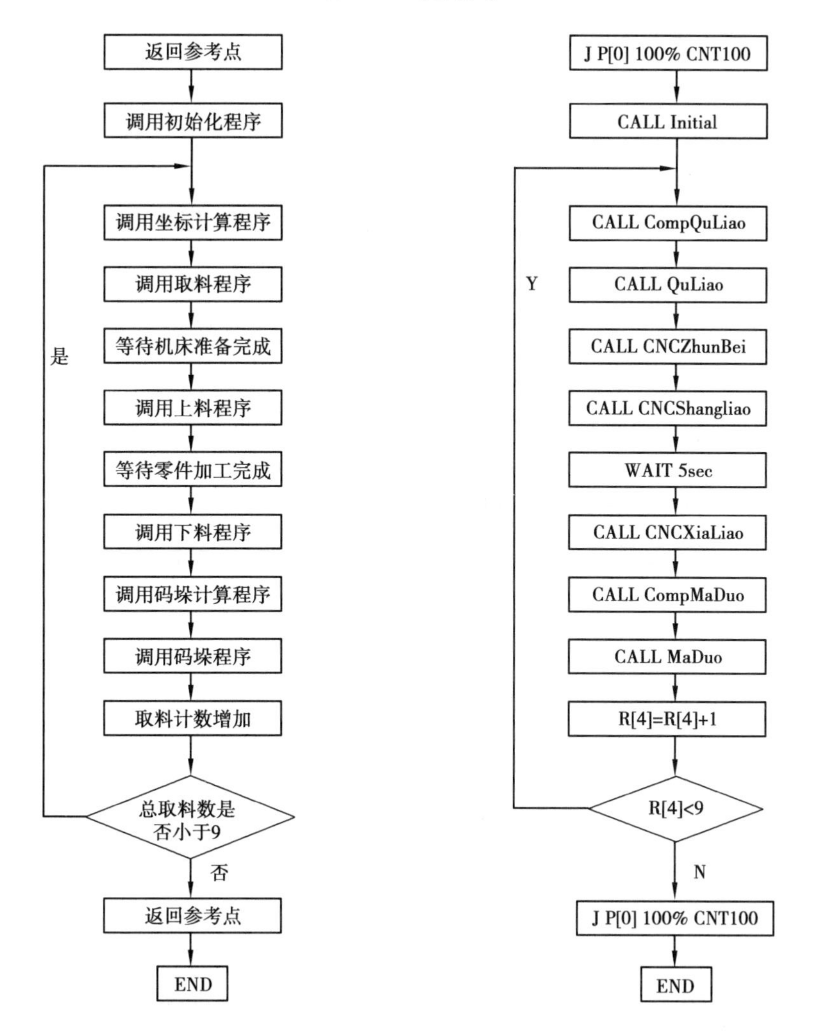

图 6-8　主程序的流程图

2. 料仓取料路径规划及程序编写

料仓取料的运动规划、流程图及程序在前面的项目中已经讲解过，此处不再赘述。取料坐标计算程序和取料程序如图 6-9 所示。

```
Comp_QuLiao
IF R[1]<5 , JMP LBL[1]
R[1]=1
PR[3,0]=PR[10,0]
PR[3,1]=PR[10,1]+150
LBL[1]
IF R[1]=1,JMP LBL[2]
PR[3,0]=PR[3,0]+100
LBL[2]
PR[3,0]=PR[10,0]+100
PR[2]=PR[3]
PR[2,2]=PR[2,2]+50
PR[1]=PR[3]
PR[1,2]=PR[1,2]+150
R[1]=R[1]+1
END
```

```
QuLiao
J PR[1] 100% CNT100
J PR[2] 100% CNT100
L PR[3] 100mm/sec FINE
WAIT 0.5sec
Y[1.4]=ON
WAIT X[2.7]=ON
L PR[2] 100mm/sec CNT100
J PR[1] 100% CNT100
END
```

图 6-9　取料坐标计算程序和取料程序

3. 零件加工

在实训平台中，以模拟上卡盘旋转至 90°位置，等待 5 s，再旋转至 0°位置，以此动作表示零件加工完成。流程图和程序如图 6-10 所示。

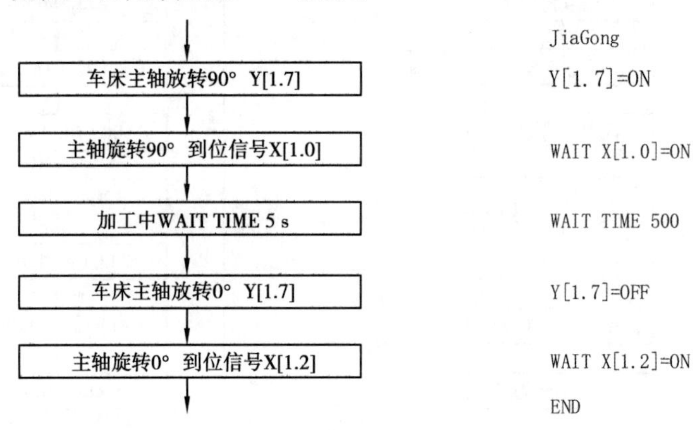

图 6-10　零件加工的流程图和程序

4. 上/下料程序编写

机器人收到机床准备完成信号后，快速移动到 P5 点正上方 200 左右的 P4 点，快速移动到安全点 P5，快速移动至接近点 P6，以直线的方式到达目标点 P7。模拟车床卡盘夹紧，等待系统收到模拟车床卡盘夹紧到位信号。机器人取料手爪张开，等待张开到位信号。以直线的方式到达回退点 P6，快速移动到安全点 P5，快速移动到安全点 P4。在 P4 点等待机床发出加工完成信号。上/下料路径如图 6-11 所示。上/下料程序的流程图和内容如图 6-12 和 6-13 所示。

在实际情况下，机床加工完成信号要满足以下条件：CNC 程序运行完成、回参考点完成、机床安全门打开到位等。在此，用等待 5 s 代替。

机床发出加工完成信号后，机器人在 P4 点快速移动到安全点 P5，快速移动至接近点 P6，以直线的方式到达目标点 P7。机器人取料手爪夹紧，等待夹紧到位信号。模拟车床卡盘松开，等待模拟车床卡盘夹紧到位信号。以直线的方式到达回退点 P6，快速移动到安全点 P5，快速移动到安全点 P4。

> 友情提示
>
> 在机器人和车床进行零件交接的程序逻辑一定不能有错。如果出错，轻则零件脱落，重则因零件未夹正，导致零件甩出卡盘、撞刀等事故。

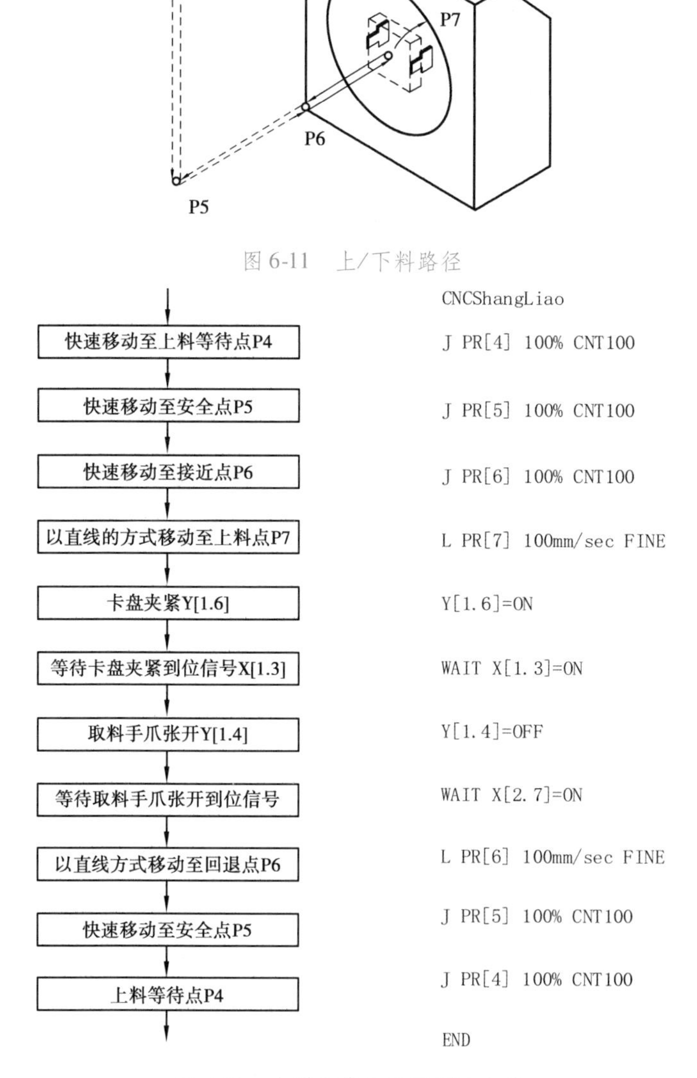

图 6-11　上/下料路径

图 6-12　上料程序的流程图和内容

图 6-13　下料流程图及程序

5. 产品码垛

码垛的运动规划、流程图及程序在项目五的练习题中已经讲解和反复练习，此处不在赘述。码垛路径如图 6-14 所示。码垛坐标计算程序和码垛程序如图 6-15 所示。

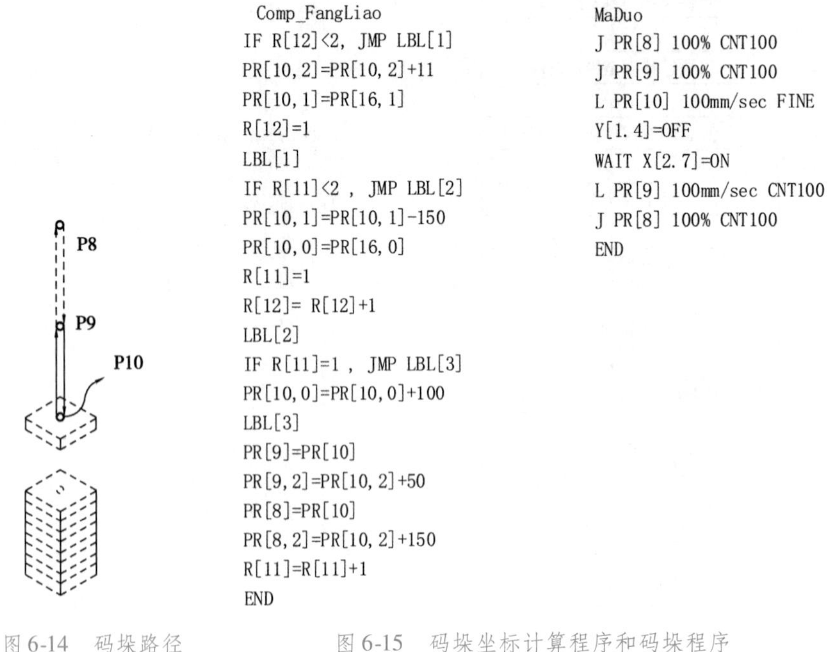

图 6-14　码垛路径　　　图 6-15　码垛坐标计算程序和码垛程序

6. 初始化程序

在机器人执行上下动作前，首先要确保夹具处于张开状态。初始化程序如图6-16所示。

```
Initial
Y[1,4]=OFF
Y[1,6]=OFF
Y[1,7]=OFF
R[8]=1
R[1]=1
R=[4]=R[4]+1
PR[3]=PR[10]
PR[10]=PR[16]
END
```

图6-16　初始化程序

输入程序的注意事项

五、程序的调试与运行

1. 示教前的准备

示教前的准备工作，具体内容同前。

2. 输入程序

先输入字程序，再输入主程序。具体方法同前。

3. 路径点示教

示教参考点P0和计算基准点P3。具体方法同前。

4. 程序调试与运行

在自动界面加载主程序进行调试即可。具体方法同前。

▶任务练习

现场指定物料抓取方式和放置（码垛）方式，让学生反复练习机床上下料程序的编写与调试。物料的抓取和放置（码垛）程序可借用之前的程序，或在之前程序的基础上稍加修改即可。要求学生务必在一节课的时间内完成整个任务的调试。

▶任务评价

完成本任务的学习后，教师根据课堂表现、习题练习等情况对学生的学习过程和结果进行评价。

序号	评价要点	得分			
1	行为习惯符合课堂纪律与要求	□优	□良	□中	□差
2	学习资料准备齐全	□优	□良	□中	□差
3	能合理进行运动规划、变量分配	□优	□良	□中	□差
4	能写出合理的流程图	□优	□良	□中	□差
5	能根据流程图写出相应的程序	□优	□良	□中	□差
6	能在规定时间内完成程序的编辑、调试与运行	□优	□良	□中	□差
7	学习效果	□优	□良	□中	□差

▶任务小结

请学生小结本次任务过程中的收获与存在的问题，并提出改进计划，写入下表。

收获	存在的问题	改进计划

▶技能提高

本书前面所讲的方法虽然可以完成矩阵式物料的搬运和码垛,但是,要指定搬运或者码垛某一位置的物料时,前面所讲的算法却不能够计算出物料位于第几层、第几行和第几列。那可不可以写出具有这样一个功能的算法呢?当然是可以的。

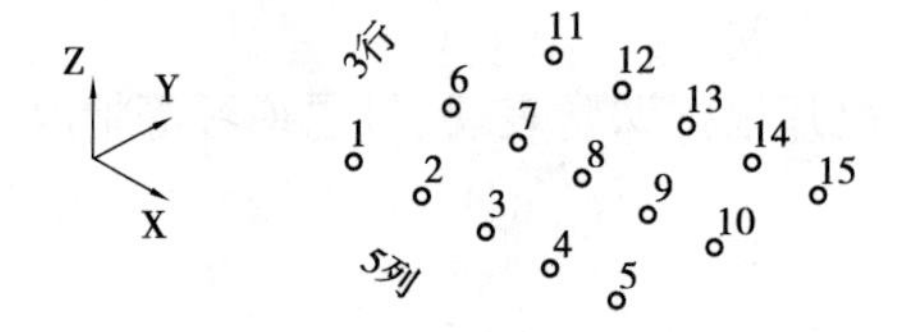

图 6-17　传统的位置编号形式

图 6-17 为 3 行 5 列放置的物料,位置编号从 1 到 15。取料时逐行进行取料,那怎样才能计算出每个物料所在位置的行、列编号呢?在表 6-2 中,用物料的位置号除以列数(每行的物料数量),观察一下有没有什么规律呢?

表 6-2　初始数据

位置号 ÷ 列数(每行的物料数量)		
1 ÷ 5 = 0.2	6 ÷ 5 = 1.2	11 ÷ 5 = 2.2
2 ÷ 5 = 0.4	7 ÷ 5 = 1.4	12 ÷ 5 = 2.4
3 ÷ 5 = 0.6	8 ÷ 5 = 1.6	13 ÷ 5 = 2.6
4 ÷ 5 = 0.8	9 ÷ 5 = 1.8	14 ÷ 5 = 2.8
5 ÷ 5 = 1.0	10 ÷ 5 = 2.0	15 ÷ 5 = 3.0

表 6-3　第一次整理后的数据

位置号 ÷ 列数(每行个数)			
1 ÷ 5 = 0.2	5 ÷ 5 = 1.0	10 ÷ 5 = 2.0	15 ÷ 5 = 3.0
2 ÷ 5 = 0.4	6 ÷ 5 = 1.2	11 ÷ 5 = 2.2	
3 ÷ 5 = 0.6	7 ÷ 5 = 1.4	12 ÷ 5 = 2.4	
4 ÷ 5 = 0.8	8 ÷ 5 = 1.6	13 ÷ 5 = 2.6	
	9 ÷ 5 = 1.8	14 ÷ 5 = 2.8	

在表 6-2 可能不容易找到规律,把表 6-2 进行调整后如表 6-3 所示。这时,可以看到,在表 6-3 中从第一列到第四列,商的整数部分分别是 0、1、2、3。0、1、2、3 刚好可以用来表示行号,即 0 为第一行,1 为第二行,2 为第三行;用行号乘以行距便可以得到物料的 Y 坐标值。

那么还有一个问题，在表 6-3 中看出，位置 5 是位于第一行，按照现在的方法进行计算，它却位于第二行，显然是不正确的。那么，怎么能够使位置 5 除以列数(每行的物料数量)的商的整数部分为 0、位置 10 除以列数的商的整数部分为 1、位置 15 除以列数的商的整数部分为 2? 如图 6-18 所示，把位置编号 0 开始编号，再把表 6-3 调整为表 6-4 所示的状态，刚才的问题便得到了解决。

在示教器的运算符中，除了 +、-、*、/外，还有两个运算符 DIV、MOD。DIV 为取商的整数部分，MOD 为取商的小数部分。把表 6-4 中的运算符 ÷ 替换为运算符 DIV，即可得到行号，如表 6-5 所示。

注意：在日常生活中，不管是数物品数量，还是数行和列都是从 1 开始的，如第一行、第一排等。但是在编程的算法中，很多情况下从 0 开始更方便。

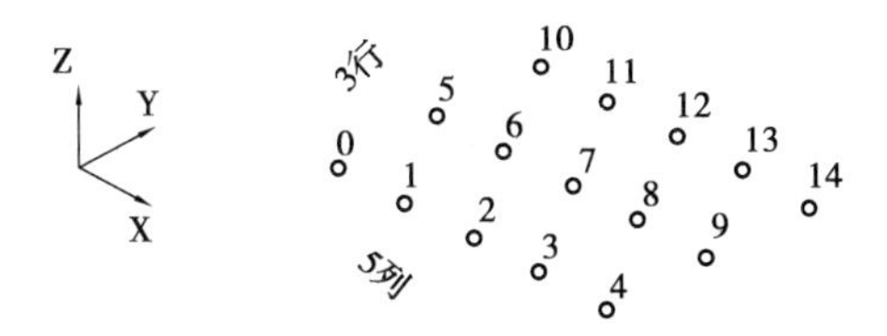

图 6-18　更改之后的位置编号形式

表 6-4　重新编号后的数据

位置号 ÷ 列数(每行个数)		
0 ÷ 5 = 0.0	5 ÷ 5 = 1.0	10 ÷ 5 = 2.0
1 ÷ 5 = 0.2	6 ÷ 5 = 1.2	11 ÷ 5 = 2.2
2 ÷ 5 = 0.4	7 ÷ 5 = 1.4	12 ÷ 5 = 2.4
3 ÷ 5 = 0.6	8 ÷ 5 = 1.6	13 ÷ 5 = 2.6
4 ÷ 5 = 0.8	9 ÷ 5 = 1.8	14 ÷ 5 = 2.8

表 6-5　取商的整数部分

位置号 ÷ 列数(每行个数)		
0 DIV 5 = 0	5 DIV 5 = 1	10 DIV 5 = 2
1 DIV 5 = 0	6 DIV 5 = 1	11 DIV 5 = 2
2 DIV 5 = 0	7 DIV 5 = 1	12 DIV 5 = 2
3 DIV 5 = 0	8 DIV 5 = 1	13 DIV 5 = 2
4 DIV 5 = 0	9 DIV 5 = 1	14 DIV 5 = 2

用 R[0]进行计数、R[1]表示行数、R[2]表示列数、R[10]表示物料所在的行号。于是，行号的算法为：

R[10] = R[0] DIV R[2]

行号可以从 0 开始依次编号，那列的编号能不能也这样做呢? 第一行的列标从 0 到 4，进入下一行时要从 0 开始重新编号，怎么实现?

如表 6-6 所示，把第二列、第三列分别减去 5、10 就可以得到列标的编号 0、1、2、3、4，见表 6-7。

在表 6-7 中，第一列、第二列、第三列的位置号分别减去的是 0、5、10，这是一个公差为 5 的等差数列，那是不是要以这个规律写出一个计算列的编号的算法呢。把表 6-7 进一步整理成表 6-8 所示的形式。

表 6-6　位置编号

位置号		
0	5	10
1	6	11
2	7	12
3	8	13
4	9	14

表 6-7　位置编号数据的处理

位置号 – 前面所有行的物料数量 = 列标		
0 – 0 = 0	5 – 5 = 0	10 – 10 = 0
1 – 0 = 1	6 – 5 = 1	11 – 10 = 1
2 – 0 = 2	7 – 5 = 2	12 – 10 = 2
3 – 0 = 3	8 – 5 = 3	13 – 10 = 3
4 – 0 = 4	9 – 5 = 4	14 – 10 = 4

表 6-8　列标与行号的关系

位置号 – 行号 * 列数 = 列标		
0 – 0 * 5 = 0	5 – 1 * 5 = 0	10 – 2 * 5 = 0
1 – 0 * 5 = 1	6 – 1 * 5 = 1	11 – 2 * 5 = 1
2 – 0 * 5 = 2	7 – 1 * 5 = 2	12 – 2 * 5 = 2
3 – 0 * 5 = 3	8 – 1 * 5 = 3	13 – 2 * 5 = 3
4 – 0 * 5 = 4	9 – 1 * 5 = 4	14 – 2 * 5 = 4

观察表 6-8，不难发现。0、5、10 刚好是行号乘以列数（每行的物料数量）所得到的结果，也即物料所在行的前面所有行的物料数量。用 R[0] 进行计数、R[1] 表示行数、R[2] 表示列数、R[10] 表示物料所在的行号、R[11] 表示物料所在列的列标。于是，列标的算法为：

R[11] = R[0] – R[10] * R[2]

前面讲解了物料单层放置时所在位置的行号、列标的计算方法，那么对于如图 6-19 所示的多层放置的形式，需要计算出物料所在位置的层号，才能确定物料所在的位置。

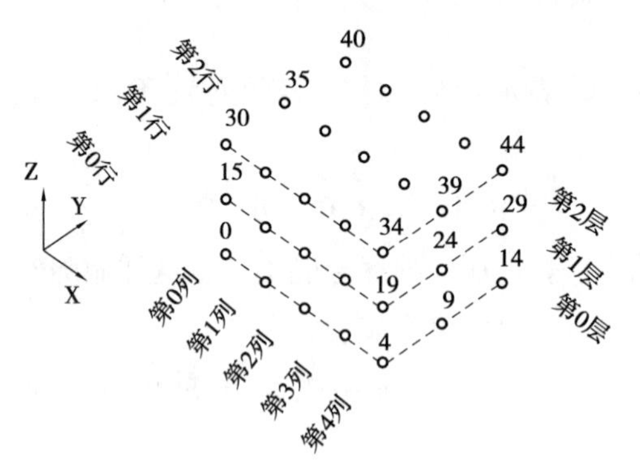

图 6-19　多层码垛物料的位置编号

在之前的讲解中，行号和列标都是从 0 开始编号的。那么，层的编号也从 0 开始依次编号。可是，怎么根据物料的位置号计算出物料所在的层号呢？这里不妨采用计算行号的方法试一下。既然，位置号 DIV 列数（每行的物料数量）能够得到行号，那么，位置号 DIV 每层的物料数量能否得到物料所在层的层号？

由表6-9得知，层号的计算方法是正确的。在算法中，每层的物料数量可以在初始化中直接输入，但是，每层的物料数量也等于行数乘以列数，由程序自动计算即可。在本例中物料为3行、5列，3乘以5即可替换表6-9中的15。

表6-9　位置号与层号的关系数据

位置号÷每层的物料数量=层号		
0 DIV 15 =0	15 DIV 15 =1	30 DIV 15 =2
1 DIV 15 =0	16 DIV 15 =1	31 DIV 15 =2
2 DIV 15 =0	17 DIV 15 =1	32 DIV 15 =2
3 DIV 15 =0	18 DIV 15 =1	33 DIV 15 =2
4 DIV 15 =0	19 DIV 15 =1	34 DIV 15 =2
5 DIV 15 =0	20 DIV 15 =1	35 DIV 15 =2
6 DIV 15 =0	21 DIV 15 =1	36 DIV 15 =2
7 DIV 15 =0	22 DIV 15 =1	37 DIV 15 =2
8 DIV 15 =0	23 DIV 15 =1	38 DIV 15 =2
9 DIV 15 =0	24 DIV 15 =1	39 DIV 15 =2
10 DIV 15 =0	25 DIV 15 =1	40 DIV 15 =2
11 DIV 15 =0	26 DIV 15 =1	41 DIV 15 =2
12 DIV 15 =0	27 DIV 15 =1	42 DIV 15 =2
13 DIV 15 =0	28 DIV 15 =1	43 DIV 15 =2
14 DIV 15 =0	29 DIV 15 =1	44 DIV 15 =2

用R[0]进行计数、R[1]表示行数、R[2]表示列数、R[12]表示物料所在的层号。于是，层号的算法为：

R[12]=R[0] DIV (R[1] * R[2])

此时，前面所讲的行号和列标的两个公式还能用吗？不妨验证一下。其实，第一层用前面的公式是没有问题的，因为，前面行号和列标的算法就是在只有一层的情况下推导出来的，这里以第二层的第5个物料的位置号19进行验证。

表6-10　公式验证

层号	R[12]=R[0] DIV (R[1] * R[2])	R[12]=19DIV(3*5)=1
行号	R[10]=R[0] DIV R[2]	R[10]=19DIV5=3
列标	R[11]=R[0]-R[10] * R[2]	R[11]=19-3*5=4

从表6-10中可以看出，层号是正确的，但是，行号、列标的值都不正确。行号和列标的算法在此处为什么不能用呢？因为在前面的行号、列标的算法推导中，是基于物料是单层放置。表6-10中显示物料的行号为3、列标为4，如果是单层放置，这个结果是正确的。但是，当物料为多层放置时，每一层的行号、列标的编号都是从0开始依次编号的。所以，在计

算不同层的物料的行号、列标的时候,要把位置号初始化,从0开始依次编号。

不同层的物料的位置号要从0开始重新编号,这是不是和前面在推导列标的算法时所遇到情况是一样的呢?在列标的算法中,列标 = 位置号 - 行号 * 列数,就是在进入下一行时,把前面所有行的物料数量减掉。同理,在多层的情况下,在进入下一层时,要把前面所有层的物料数量减掉,就可以使每一层的位置号初始化,从0开始依次编号,见表6-11。

表6-11　位置号初始化

位置号 - 前面所有层的物料数量		
第一层	第二层	第三层
层号0	层号1	层号2
0 - 0 = 0	15 - 15 = 0	30 - 30 = 0
1 - 0 = 1	16 - 15 = 1	31 - 30 = 1
2 - 0 = 2	17 - 15 = 2	32 - 30 = 2
3 - 0 = 3	18 - 15 = 3	33 - 30 = 3
4 - 0 = 4	19 - 15 = 4	34 - 30 = 4
5 - 0 = 5	20 - 15 = 5	35 - 30 = 5
6 - 0 = 6	21 - 15 = 6	36 - 30 = 6
7 - 0 = 7	22 - 15 = 7	37 - 30 = 7
8 - 0 = 8	23 - 15 = 8	38 - 30 = 8
9 - 0 = 9	24 - 15 = 9	39 - 30 = 9
10 - 0 = 10	25 - 15 = 10	40 - 30 = 10
11 - 0 = 11	26 - 15 = 11	41 - 30 = 11
12 - 0 = 12	27 - 15 = 12	42 - 30 = 12
13 - 0 = 13	28 - 15 = 13	43 - 30 = 13
14 - 0 = 14	29 - 15 = 14	44 - 30 = 14

表6-11中,0、15、30刚好是层号乘以每层的物料数量所得到的结果。用R[0]进行计数、R[1]表示行数、R[2]表示列数、R[12]表示物料所在的层号、R[4]用于不同层的位置号初始化。于是,不同层的位置号初始化的算法为:

R[4] = R[0] - R[12] * R[1] * R[2]

用R[4]替换之前推导的行号、列标的算法中的R[0],即得到物料多层放置时,不同层的物料位置的行号、列标的算法。如下所示:

R[10] = R[4] DIV R[2]

R[11] = R[4] - R[10] * R[2]

其中:R[10]表示物料所在的行号、R[11]表示物料所在列的列标。

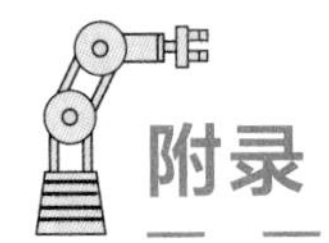

附录

一、常用编程指令表

指令类型	指令名称	指令功能
运动指令	J	关节定位
	L	直线定位
	C	圆弧定位
寄存器指令	R[i]	寄存器
	PR[i]	位置寄存器
	PR[i,j]	位置寄存器轴指令
I/O 指令	WAIT X[i,j]	数字输入
	Y[i,j]	数字输出
条件指令	IF	用于条件判断
等待指令	WAIT	等待时间或条件成立
流程控制指令	LBL	标签指令
	JMP LBL	跳转指令
	CALL	程序调用指令
	END	程序结束指令

二、常见故障现象及解决方法

1. 现象:网络报警灯亮,无法控制机器人。

原因 1:IPC 水晶头松脱。

解决方法:重新连接水晶头。

原因 2:示教器无线功能被打开。

解决方法:关闭示教器的无线功能,重启控制软件。

2. 现象:超程报警。

解决方法:反方向移动超程的轴。

3. 现象:超速报警。超速报警时通常伴有 J_n 轴伺服驱动器报警。

原因:手动或自动模式下以直角坐标模式长距离移动机器人。

解决方法:分为 3 个步骤:①按下紧急停止按钮;②按一下报警复位按钮;③拧起紧急停止按钮。

4. 现象:机器人、示教器无任何报警,但机器人无反应。

解决方法:退出机器人控制软件后,再重启软件。

5. 现象:使用过程中,控制软件突然重启,停留在初始化界面。

解决方法:退出机器人控制软件后,再重启软件。

6. 现象:运动无效。

原因:程序错误或者点示教失败。

解决方法:分为3个步骤:①按下紧急停止按钮;②按一下报警复位按钮;③拧起紧急停止按钮。

参考文献

[1] 刑美峰. 工业机器人操作与编程[M]. 北京:电子工业出版社, 2016.

[2] 王承欣,宋凯. 工业机器人应用与编程[M]. 北京:机械工业出版社, 2019.

[3] 张光耀,王保军. 工业机器人基础[M]. 2 版. 武汉:华中科技大学出版社, 2019.

[4] 叶伯生. 工业机器人操作与编程[M]. 2 版. 武汉:华中科技大学出版社, 2019.